顛覆傳統，贏得未來！

從流量思維到場景思維的轉型之路

朱建良，王鵬欣，傅智建 著

碎片化時代

Context Marketing

的場景行銷

結合虛擬與現實，促使線上線下一體化

發現情境應用背後的潛能

抓住痛點，滿足不同日常生活的情境需求

大連線時代的全新商業戰場

重新制定企業策略，打造全新互動方式

目 錄

第四章　場景 O2O：
建構『碎片化＋場景化＋個性化』的新型商業模式

第五章　場景行銷：
深挖消費者需求場景，開啟場景行銷新革命

第六章　場景消費：
建構場景化消費體驗，滿足消費者多元化需求

第七章　場景金融：
『金融＋場景』模式，網路金融的下一個戰場

第八章　場景通訊與社交：
場景為王時代，建構完善的通訊社交場景

前言

對今天網路產業的從業者來說，其處境恰如英國著名小說家狄更斯（Charles Dickens）在其名著《雙城記》（*A Tale of Two Cities*）中寫過的一句話：「It was the best of times，it was the worst of times.」（這是最好的時代，也是最壞的時代。）

之所以說「最好的時代」，是因為網路以及行動網路的發展催生了眾多新的機遇；而說「最壞的時代」，則是由於繁蕪龐雜的資訊占用了人們大量的時間。而要甄選出有價值的資訊，最重要的指標非貫穿於各種資訊之間的場景莫屬。

此處的場景，與我們慣常使用的場景意義不盡相同，它指的是一種與人們的生活、習慣、社交、購物等緊密相連的環境。在行動網路時代，不管是一個小小的 APP，還是龐大的萬物聯網，場景的打造均是至關重要的。毫不誇張地說，場景已經成為一切商業的根本，對網路產業的從業者而言，沒有場景，就妄談未來。

我們可以先從一個例子簡單分析一下場景的打造：

國外的 O2O（Offline to Online）虛擬超市模式，是一次極具潛力的商業模式創新。

在國外城市的商務區、公車站、地鐵站、火車站等人流密集的區域，經常能看到一些顯示著 QR code 的廣告招牌，

其主要展示的是人們日常生活中需要消費的零食、飲品等。

當消費者掃描廣告上的 QR code，就可以直接購買對應的商品，不僅如此，由於絕大多數時候都是同地區商家與消費者，所以上午下的訂單下午就可以送到消費者手中。

這種「虛擬超市」模式，充分利用了行動網路時代消費者的碎片化時間。首先，廣告的放置地點通常主要在人流量比較大、醒目易讀的位置；其次，所賣的商品主要是一些使用頻率高、需求量大的剛性需求物品，所以能夠滿足生活節奏快的大城市消費者的需求。

而且，這種掃描 QR Code 的購買方式，可以使商家利用追蹤技術收集到不同區域的廣告招牌掃描人次，了解不同地域消費客群的類型以及消費產品的偏好，使虛擬超市的產品供給更加科學合理，減少產品積壓，進行資源的合理配置，對「虛擬超市」不斷地進行結構優化。另外，還可以向消費者推送個性化與訂製化的產品，促使成交量的快速穩定增長。

在萬物聯網的今天，流量的紅利時代已經成為過去。在行動網路時代，隨著資訊的分散化和碎片化，入口的地位不再如 PC 時代那樣重要，取而代之的是場景。

這就要求企業用場景化的精神和思維重新思考和定位：是否圍繞使用者建構了屬於自己的新場景？是否創造出了能

夠滿足場景需求的新品類？這個新品類又如何透過場景化連線創造出新價值？

　　歸根究柢，今天的商業競爭是圍繞使用者體驗展開的場景化戰爭。正如美國著名發明家、思想家和語言學家雷‧庫茲韋爾（Ray Kurzweil）在其《奇點迫近》（*The Singularity Is Near: When Humans Transcend Biology*）一書中指出的那樣：人工智慧和科技的發展讓新的場景造物不斷湧現，而每一次新場景的品質累積，都預示著一次生活和情感的重塑與新生。

作者

第一章　場景戰爭：
大連線時代，引爆網路商業革命的新場景

網路時代的新秩序：
場景重構商業、生活與消費的連線

「場景」的原初意義是電影和戲劇中的場面、情景，是指在特定時間空間內發生的移動過程，或者因人物關係構成的具體畫面。在電影和戲劇中，不同的場景建構表達著不同的意義。而正是透過不同場景的銜接，完整的故事情節才得以呈現。

其實，我們每個人都無時無刻不處在具體的場景中。正如有些哲人所感慨的：社會就是一個大舞臺，每個人都是其中的演員。只是在網路領域，場景這一古老的概念被重新定義，並在商業營運中展現出了驚人的價值。

在「網路＋」時代，快節奏的生活方式讓人們總是處於碎片化的時空場景之中。基於遊戲、社交、網購等網路行為的應用場景，成為行動網路時代的常態。其中，那些能夠觸發使用者沉浸式體驗或者長時間停留的應用程式，如影片、遊戲、社交等，可以被理解為入口場景；而能夠藉助電子支付等完成交易的網購形態，則可以被理解為支付場景。

行動時代，網路連線一切的情況越發突顯，並不斷整合和重構人們日常生活的所有活動。萬物聯網的到來建構了基於人們碎片化場景的生活新形態，使人們越來越處於

鄧肯‧沃茨（Duncan J. Watts）所強調的「小小世界」（Small Worlds）中。這個「小小世界」基於碎片化的場景，將不同群體中的不同個體連線起來，滿足了個人和社群的個性化和多元化的消費體驗，並以此展現了網路的連線價值，提供了個體的情感認同和歸屬。

這種場景連線表現在網路行為上，就是如上所述的應用程式場景和支付場景：透過地圖 APP 直接連結到 Uber 的訂單頁面，或者在熊貓、Uber Eats 下單快速外送等等。

「網路＋」時代，場景被重新定義，成為一種思維方式，一種商業能力，甚至是一種生存形態。場景的強大連線能力使其成為網路入口的重要方法論，也成為行動網路時代商業競爭的主要場域。藉助於萬物聯網的推動，場景革命正悄然而來。

那麼，在「網路＋」時代，又該如何理解被重新定義的場景呢（見圖 1-1）？

「網路 +」時代的場景

最真實的以人為中心的細節體驗	一種連接方式	價值交換方式和新生活方式的表現形態	五要素：時間、地點、人物、事件、連接方式

圖 1-1 「網路＋」時代場景的核心

1. 場景是最真實的以人為中心的細節體驗

今天的商業競爭是以「人」為中心展開的，而行動網路時代，個體越來越處於不斷變換的碎片化時空場景之中。因此，企業只有充分利用大數據等各種先進技術和平臺，緊抓消費者的個人特質，基於不同的碎片化場景提供使用者需要的產品體驗，才能在風雲變幻的網路市場競爭中占據優勢。

從這個意義上講，場景就是以人為中心的、更加人性化和多元化的細節體驗。比如，上班開車遇到塞車時的廣播電臺、週末晚飯後的一部美國影集、知名書店裡的書和電影院等，都是基於使用者不同的碎片化場景建構起來的新的生活體驗。

2. 場景是一種連線方式

網路的本質是一種連線：搜尋引擎連線人與訊息，購物網站連線人與商品，外送平臺連線人與地區生活服務。只是，這種連線要想創造出價值，就必須要適應不同的場景需求。例如，住宿酒店網路化服務的典型場景是：360 度全景看房、選房，客房掃碼購物、線上滿意度評論等。基於這些場景，透過 APP 達成的連線，使酒店得以建構出以客戶為中心的人性化場景體驗。

因此，場景是一種連線方式：不論是條碼掃描、APP

應用程式，或者其他方式的連線，都是基於具體的場景之中的，場景的特徵決定了這些連線的方式和價值。

3. 場景是價值交換方式和新生活方式的表現形態

網路對社會生活的滲透是全方位的。特別是在行動網路時代，新的線上場景不斷湧現並擴張至線下，極大地重構了人們以往的行為方式和生活形態。「網路＋」時代下，人、物、場的有效連線整合，讓場景本身成為一種新的價值交換方式和生活方式。

例如，在價值交換方面，以往商業價值和閱讀價值的交換是在具體的書店場景中完成的。而在行動網路時代，這種價值交換在通訊軟體場景中就可以隨時完成（在官方帳號中實現閱讀價值，透過行動支付完成）。

至於新的生活方式，則主要展現在智慧終端，尤其是在智慧家居的發展上。小米的空氣清淨機、VR 眼鏡、無人機、Google Play 的新技能 get 等等。這些都是「網路＋」下不斷湧現的新連線方式和生活形態，也代表著一種新生活場景的崛起。

4. 場景構成堪比新聞五要素：時間、地點、人物、事件和連線方式

行動網路時代，任何場景都需要透過連線產生價值，任何連線也都是基於具體的時空場景。因此，網路對場景的重

構包含五個要素：時間、地點、人物、事件、連線方式，如圖 1-2 所示。

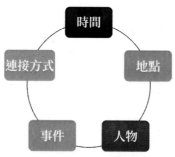

圖 1-2 場景的 5 個構成要素

例如，思科（Cisco）視訊會議，就包括了什麼時間、多少人、電話連線接入、討論何種議題等內容，如此才能精確建構一個會議場景。再比如，小明佩戴智慧運動手環晚上 7 點去公園跑步，就打造了一個跑步運動場景。

其實，從古至今，人們的任何行為都是在具體的場景中完成的，每個時代都會有不同的生活和行為場景。從這個意義而言，網路對場景內涵的重構更多的是主張一種新的場景精神和場景化思維：即如何利用網路的連線本質，充分釋放出場景中個人的情感和價值訴求，進而激發個人的場景參與欲望，創造出商業價值。

一個不可迴避的事實是，行動網路技術的發展普及深刻重構了社會主流的行為模式、生活方式和思維方式。iPhone、小米，或 APP、動態、美圖秀秀或 iPad、Kindle

等，這些行動網路時代的產物，已經不再僅僅是一種商品，更是成為一種符號標籤，表徵著一種全新的行為方式、生活態度，也成為消費社會中個體自我表達和自我建構的一種方式。

「網路＋」時代，產品的器官化特質越發突顯。不論是手機 APP 建構的應用場景，還是電子支付等建構的支付場景，都代表著人們對世界和社會的一種感知與理解方式。只不過與以往不同，行動網路時代人們的生活方式和消費機制更多的是由碎片化的場景意義塑造的。

比如，今天我們用「季」而非「集」為計量單位等待劇集更新或者時裝發表會；用「螢幕」而非「頁」來計算 APP 的排列或檢索資訊；以「社群」而非「人」來表達團隊和信任關係。這些變化是行動網路時代的特質使然，表達了一種有別於傳統的行為和認知方式：「季」取代了「集」，更壓縮更簡練。「螢幕」取代了「頁」，更方便更智慧。「社群」取代了「人」，更聚合更連線。

「網路＋」是一個更加以人為中心的時代，場景革命則讓人們更加自由，也帶來了新的價值創造和意義。不斷變換的碎片化場景為人們提供了不同的價值體驗和意義，而人們的體驗又決定著場景的價值創造能力：對於評價，我們更在意的是點讚數；對於商品的定價和付費，我們更關注的是與誰、在何種場景中被滿足。

　　從商業角度看，「流量為王」的紅利時代已經過去，行動網路時代的競爭是圍繞消費者的體驗展開的場景化戰爭。場景的碎片化特徵重塑了人們的人格，定義了不同的行為方式和生活認知。新的體驗，伴隨著新場景的創造；新的流行，伴隨著對新場景的洞察；新的生活方式，亦是一種新場景的流行。總之，未來的生活圖譜將由場景定義，未來的商業生態也由場景建構。

舊商業形態坍塌：
行動網路時代，企業的場景資源戰

　　隨著網路的發展，PC 網路逐漸向行動網路轉型，我們經歷了流量時代、大數據時代，最後迎來場景時代，如圖 1-3 所示。下面將具體介紹這三個時代。

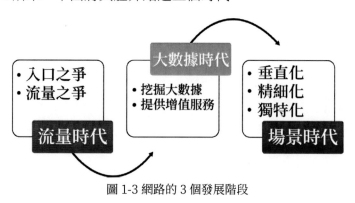

圖 1-3 網路的 3 個發展階段

1. 第一階段：流量時代

在流量時代，網路是在流量的基礎上建構起來的商業模式，如何吸引眾多使用者便成了網路產業首先要解決的問題。而任何事物在興起階段都將入口之爭、流量之爭以及注意力之爭作為產業發展的重中之重。

流量時代的使用者爭奪戰的主要特點就是速度快、涵蓋範圍廣，能夠在短時間內滿足使用者的需求，吸引大量的使用者，形成高訪問量。此外，網路產業還形成以相應產品和服務為核心的競爭優勢。在經過了一段時間的發展之後，Yahoo、Google 發展成為大型入口網站，而在團購或其他產業，也迅速出現了龍頭企業，擁有一批規模龐大的消費者。

2. 第二階段：大數據時代

隨著網路的發展，使用者的基本需求可以在短時間內被滿足，大數據時代逐漸來臨，流量入口失去優勢，網路產業開始挖掘流量的增值價值。

例如，在流量時代，入口網站累積了大量的使用者，大數據時代則在這一基礎上充分挖掘其增值服務以及潛在價值；知名購物網站在奠定了電商大廠的地位之後，為使用者提供推薦服務；各大網站在具備一定的使用者黏著度後，又致力於流量變現的開發，以及為使用者提供更深層次的服務。

在大數據時代，網路的發展開始步入分工精細階段，以達到更深層次地滿足使用者的需求，提供個性化服務。大數據時代最突出的特徵就是挖掘產品和服務的增值價值。

3. 第三階段：場景時代

隨著網路的發展，以及雲端計算、大數據、行動網路的出現，人類社會進入場景時代。消費者的需求透過線上、線下兩種管道得到滿足，但隨著消費者需求的滿足也會出現飽和狀態甚至是滿足的疲態。這時，為消費者提供更高品質服務的要求就會出現，並且向著垂直化、精細化、獨特化方向發展。例如，在經過「購物節」等促銷優惠活動之後，電子商務的線上交易規模不斷擴大，訂單量激增，對線下物流提出了更高的要求。

行動網路的發展，打破了時間和地域的限制，使用者可以實現即時線上，這意味著線上需求與線下需求各自實現的管道日漸清晰。

隨著網路以及行動網路的迅速發展，人們對網路的依賴性越來越高，這股新的勢力充斥著我們生活的各方面。而這也意味著，無論是線上（Online）還是線下（Offline），消費者的購物需求都可以實現滿足。

因此，如何滿足基於線下特定場景的使用者需求，是電商企業迫切需要解決的問題：

必須要確保消費者線上需求，線下能夠得到切實的滿足。

同時線下也要為消費者提供具有個性化、差異化的服務，並且線上與線下相互配合，滿足消費者的長尾需求。

由此可以看出，線上需求與線下需求同時得到滿足成為網路發展到第三階段的主要特徵。

線下領域與線上容量相比，具有更廣闊的市場，因此，電商企業更應注重線下市場的使用者需求，透過挖掘產品潛力創造商業價值。隨著網路的發展，使用者的訪問流量趨於飽和狀態，消費額也停止增長，而線下的使用者流量迅速增長，並且行動網路的發展，也為線下市場的發展提供了技術支援，消費者可以跨越時間和地域的限制，隨時隨地購物。網路作為一種平臺參與到消費者的消費活動中，同時，網路還作為一種技術手段，提高傳統企業的生產加工水準，由此，行動網路的顛覆革命開始出現。

網路發展到第三階段最重要的特徵就是行動化、碎片化，基於行動網路基礎上的場景應用開始出現，並發揮著越來越重要的作用。場景應用透過行動網路終端裝置將使用者連線起來，為使用者提供極具個性化的體驗服務，以此形成使用者黏著度和忠誠度。毫無疑問，場景應用是傳統企業在網路時代轉型的關鍵。

場景應用成為行動時代新入口

在行動網路時代，有兩個問題人們無法避免：

(1)　行動網路流量的發展趨勢如何？集中，還是分散？

(2)　在行動網路時代，入口的重要性是否發生變化？

研究發現，在行動網路時代，大量的資訊開始分散化、碎片化，這導致流量也在趨於分散化。同時，在行動網路時代，入口網站的地位開始衰落，取而代之的是場景應用。

一位科技公司的策略分析總監曾在 2014 年分析行動網路的流量走勢時說：「行動流量不是越來越集中，而是越來越分散。」從遊戲發布的角度來看，目前，手機遊戲的發布平臺越來越多，遊戲的種類也趨於多元化，這預示著手機遊戲的流量入口也變得多元化，如應用程式商店、應用程式媒體等管道。

但是，從另一個角度看，行動網路時代的流量反而趨於集中化。據研究數據顯示，2013 年 12 月，音樂音訊、拍攝美化等類型的 APP 占 Top3 應用程式的 80% 以上，並且這些 APP 應用的日均啟動次數同比增長 10%。此外，2013 年，開發商對音樂、拍攝、影片等消耗流量大的 APP 應用程式關注度降低，更加側重遊戲等新領域的開發。

在行動網路時代，「強者愈強，弱者愈弱」的現象在加劇，各個領域的強者會獲得更多的使用者和流量，但這並不

意味著行動網路時代「入口」的重要性沒有發生變化。

PC 網路時代，「入口」涵蓋的範圍很廣，可以是瀏覽器、入口網站、論壇。「入口」將使用者與訊息連線起來，這也預示著成為入口的入口網站將擁有龐大的使用者，同時也可以解釋 PC 網路時代的入口之爭。

而行動網路時代作為 PC 網路時代的延續，將訊息分散化、碎片化，致使入口不再像在 PC 網路時代那麼重要。美國著名網路統計公司 ComScore 數據顯示，截至 2014 年 1 月，行動裝置流量占美國網路流量的 55%，其中 APP 流量占比 47%，行動瀏覽器流量占比 8%，而 PC 流量占比 45%。

行動網路流量占比高於 PC 流量不是行動網路時代最顯著的特徵，其最重要的特點就是流量入口的地位開始衰落，場景應用開始發揮作用。

行動時代為何更看重「場景」？

在行動網路時代，隨著訊息的分散化和碎片化，入口的地位不再如 PC 時代那樣重要，取而代之的是場景，而行動支付也是基於場景才興起發展的。

因此，企業在爭奪場景資源時，要從消費者的需求出發，切合消費者的消費行為和消費習慣。由此也可以看出入口和場景的區別，它們的服務對象不同，場景是基於消費者的需求，而入口則是基於商業競爭的需求。

未來的商業形態：

新連線時代，場景建構的三大商業邏輯

場景建構主要包括三大商業邏輯，分別是體驗邏輯、人格邏輯和勢能邏輯，如圖 1-5 所示。

圖 1-5 場景建構的三大商業邏輯

▌場景建構的體驗邏輯

行動網路時代，網路連線一切的本質更加突顯出來：Google 連線人與資訊，MOMO 購物連線人與商品，熊貓連線人與當地生活服務，Line 連線人與人。社會生活的各個方面似乎都被整合進了萬物聯網之中。只是，對於商家來說，更加關心的明顯是：連線之後，如何獲取商業價值？

答案也是顯而易見的：場景將成為市場中商業競爭的關鍵因素。因為在「網路＋」時代，人們喜歡的不再是產品

本身，而是圍繞產品所建構的場景。這種場景往往連線著使用者對某種生活方式或生活態度的認知和嚮往，浸潤著使用者特定的情感。

在今天，多肉植物已經成為文青和上班族的新寵。對於辦公室的「90 世代」來說，它們雖然顏值不高，卻是孤單時的療癒系萌物。多肉植物已經成為一個特殊的符號，既包含著「天然呆」、「萌」等情感特質，也承載著人們對簡單生活方式和態度的嚮往。

之所以如此，主要是因為多肉植物並不是以一種單純的植物形象展現在人們面前的。只要 Google 一下，人們就能看到這樣的場景：在慵懶的午後或黃昏，柔和的陽光透過原木窗戶灑到了多肉植物上，旁邊放置著有檯燈和明信片的書桌，以及擺放著紅酒的木格……

因此，與其說是多肉植物本身創造了價值，不如說是圍繞多肉植物建構起來的特殊場景滿足了人們的情感需求，從而創造了價值。

正是基於情感滿足功能，多肉植物理所當然地成為「90 世代」的寵兒。並且，當這些「小盆友」在社交平臺上相互分享自己的成果時，群體的認同與歸屬又進一步增強了多肉植物的符號和情感價值，使這些「90 世代」願意投入不菲的資金來讓它們陪伴自己一同成長。

　　與之相似，小米、無印良品等，也是透過自身的場景化呈現，表徵著一種健康、快樂、樸素的生活方式和態度，在滿足了人們場景化情感需求的同時，實現了自身的商業價值。

　　在行動網路時代的新連線下，商品已經不再僅僅是作為實物存在的產品，更是對圍繞產品所建構的場景的體驗。即人們消費的對象，由傳統的物質產品變為了產品所表徵的場景和符號價值。這一變化導致的結果是：商品作為物質必需品的屬性被大大降低，基於個體體驗的情感價值屬性成為新的追求目標。「我吃的不是麵，是寂寞」，這個對「寂寞」場景的體驗，明顯遠遠高出了對「麵」的需要。

　　物質的極大豐富降低了產品的必需屬性，行動網路時代的到來又讓人們基於場景體驗的情感需求成為可能。這些場景化標籤的背後，是人們的自我認知和精神訴求。

　　行動網路的發展讓人們進入了新的連線時代：超越時空物理限制的即時溝通，智慧型手機的器官化，社群傳播裂變式的擴散能力和蜂窩式的自我複製。這造成了人們的群體性孤獨，卻也為企業提供了更多的商業機會。而這些社群次文化背後所反映的是人們碎片化的生存和傳播場景。由此，社會在萬物聯網的推動下進入了場景化時代。

　　不同於以往的產品時代，場景指向的是一種基於體驗的

新物種，包含著人們獨特的生活態度和情感價值。例如，由某公司推出的智慧體脂機，表面上是智慧體重機的延伸完善和瘦身場景的啟用。但是，這種場景背後反映的是這樣的生活態度和理念：「愛脂肪，愛並不完美的自己；改造她，讓她跟上我的步伐。」脂肪派、脂肪主義應運而生。因此，本質而言，其並不是智慧體脂機，而是全新的脂肪場景，也是全新的脂肪品類。

場景建構的人格邏輯

「網路＋」時代，物質的極大豐富降低了商品的必需屬性。隨之而來的是面對無限繁多的資訊導致的人們選擇上的無所適從和不得要領。因此，新的連線時代，人們需要新的選擇依據和丈量尺度。

消費社會的商業是以人為中心的。充分滿足人的個性化和多元化需要，成為一切市場競爭的關鍵。因此，場景時代的造物也必然是圍繞著個體的需要和體驗展開的。

比如，國外曾經有辦過「硬碰硬月餅 100 天」活動，就是圍繞「需要」這一中心，讓想要月餅的人在社交關係中直接表達出來。透過他人支付、多人代付等多種玩法，賦予了月餅一種基於社交關係的場景屬性，其背後所反映的，不是人們對月餅的物質需要，而是它被賦予的一種新型的人格屬

性和社交體驗。因此，「月餅」成為一個新的遊戲，客觀上也創造了巨大的商業利益。

在萬物聯網的今天，流量批發的紅利時代已經成為過去。正如網路實驗報告所指出的，流量依然重要，但對未來的電商來說，更重要的是場景化的社交關係，是基於更加鮮明的人格魅力形成的人格連結。基於信任的社交連線將取代以往的利益誘導模式，在碎片化的場景電商中大放光彩。

人們的任何活動都必然存在於一定的場景中。只是，今天的行動網路技術整合了線下辨識和線上互動，賦予了場景更多的現實意義和商業價值。不同於以往的自我判斷和利益分析，隨時隨地的網路接入，讓人們可以藉助更加信任的社交連線完成商品和資訊的辨識、判斷與獲取。社交推薦取代單純售賣成為新的商品購買模式。這種推薦是圍繞場景展開的，是基於場景的分享，是利於傳播的內容，是可以信賴的關係。

社群標籤、達人推薦、場景化方案，這些初始的行銷手段與次文化敘述，在「網路＋」時代則一躍成為主流的商品打造能力，其本質是場景造物的人格邏輯。

社群動力學：場景建構的勢能邏輯

如果說 2012 年《復仇者聯盟》在亞洲的票房成績還主要是源自於人們對外國大片的時髦追捧的話，那麼，2015 年

《復仇者聯盟 2》的大賣，則更多的是因為快速發展起來的粉絲群體的支持。其實，不論是《玩命關頭 7》、《變形金剛 4》還是《復仇者聯盟 2》，它們的成功都是典型的粉絲經濟，是社群動力幫助它們在亞洲成為現象級的電影。

「網路＋」時代，人變成了場景化連線的新管道，場景價值的創造將更多地依靠社群動力。例如，國外一款主打個性化和精準化商品推薦的購物 APP，基於社交場景，推出了跨平臺低門檻的小型店鋪，短短 8 個月就輕鬆獲取了千萬賣家，成為購物 APP 的佼佼者。至 2015 年 4 月底，藉助強大的社群動力，該 APP 的日均交易額更是達到了 4 億元。

其實，在這方面最成功的代表之一還有小米公司。作為知名智慧型手機廠商和電商集團，小米擁有一大批忠實使用者。龐大的粉絲社群，讓小米論壇擁有了知名地位，極大地擴展了小米品牌的影響力。同時，透過建構不同的體驗場景，小米讓這些粉絲使用者成為產品創意和設計的智慧庫，從而藉助社群動力創造出了更多的商業價值。

「網路＋」是一個場景復興、萬物聯網的時代。仰望星空、小橋流水的悠然場景消失了，取而代之的是虛擬實境（VR）、可穿戴智慧裝置、跑步和馬拉松、GoPro 相機推出的無人機，以及場景畫報 H5（Html5）應用。它們正如「Running Man」一樣，越來越快地透過指尖占領人們的大

腦。新的連線方式顛覆了以往商業「流量為王」的觀念，基於碎片化場景的快速造物和連線成為企業決勝的關鍵。這些新的場景建構，藉助於快速的社群連線，重塑了人們的生活態度和情感認同，也為商業領域帶來了一場全新的場景革命。

正如美國著名發明家、思想家和語言學家雷‧庫茲韋爾（Ray Kurzweil）在其《奇點迫近》一書中指出的那樣：人工智慧和科技的發展讓新的場景造物不斷湧現，而每一次新場景的品質累積，都預示著一次生活和情感的重塑與新生。

場景建構方法論：
共享經濟思維下，建構場景的商業價值

「網路＋」時代，市場需求的碎片化、長尾化、多元化和個性化轉向，要求企業用場景化的精神和思維重新思考和定位：是否圍繞使用者建構了屬於自己的新場景？是否創新出了能夠滿足場景需求的新品類？這個新品類又如何透過場景化連線創造出新價值？

在網路開放、共享思維的引導下，產品本身的品質和功能逐漸趨同。因此，不同於以往圍繞產品本身的思維方式和競爭模式，「網路＋」時代企業產品研發的核心能力更多地表現在能否提出有效的場景解決方案。找到或建構了產品的

應用場景，就不會再受限於產品研發的 SKU（Stock Keep-
ing Unit，庫存量單位）難題。

今天的商業競爭是圍繞使用者體驗展開的場景化戰爭。
企業需要準確定位產品獨特的功能屬性，然後基於不同的場
景將使用者與產品有效連線，從而創造出價值。簡而言之，
場景化戰爭是這樣一種方法論：產品的功能屬性（Inside）＋
產品的連線屬性（Plus）＝新的場景體驗，如圖 1-7 所示。

圖 1-7 場景化戰爭的方法論

因此，商家需要充分利用大數據等先進技術和平臺，
深入挖掘和定位使用者在碎片化場景中的不同需求，如此
才能實現有效連線，獲取商業價值。比如，Airbnb 旅行
短租、Uber 叫車，都是圍繞使用者體驗建構起一個非常
真實的入口，而這個入口展現的正是企業的 Inside 能力和
Plus 方式。

具體而言，可以從三個方面進行場景的建構：找到消費
者場景體驗的痛點；細分消費者需求；確定場景的呈現細節。

最終的目的是提供一個以使用者體驗為中心、具有高場景黏著度的產品解決方案。

同樣地，Airbnb、Uber 等網路企業和平臺，雖然建構入口的方式各不相同：有的是獲取全球資源連線的紅利，有的是成為上門服務的入口，有的是支付場景的深化，有的是出遊方式的變化。但本質上，它們都是以優化使用者體驗為目標，圍繞具體的生活場景，透過 Plus 來發揮其 Inside 能力，並創造出價值的。

▍人格背書＋分享＋社交網路＝場景流行

網路開放、分享的特徵，重構了品牌或者個人擴張影響力的方式。對於企業而言，需要重新思考如何基於網路的分享特質，建構客戶獲取或者品牌推廣的場景管道，如圖 1-8 所示。

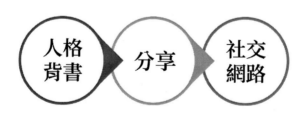

圖 1-8 場景流行的 3 個關鍵要素

1. 基於人格背書的分享

行動網路時代，人們被整合進了不同的社群之中。基於不

同場景的社交分享往往能夠帶來信任溢價，創造更多的價值。

在層出不窮的各種資訊和產品中，社群中好友分享的東西或者體驗是真實可見、有溫度的，而非冷冰冰的螢幕展示，因而更容易吸引使用者。並且，網路社群的開放性特徵讓人們分享和獲取的門檻大大降低。這一方面使每個人都可以基於人格背書進行分享；另一方面又使每個分享者都不得不思考如何讓分享更加真實可靠，以維繫朋友和社群成員的信任。

從這個意義上講，新場景的流行是基於人格背書的分享造成的，反映的是社群或者個體之間的信任帶來的價值創造。

2. 分享有效的訊息和資源

在「網路＋」時代，企業比拚的是其訊息的吸引力和擴散力，以及對資源的整合能力。因此，建構場景管道後，企業引導使用者分享的不應僅僅是諸如優惠券，或者是購物金等內容；更重要的是對品牌或者產品有效訊息和資源的分享。本質而言，分享是一種基於高度價值認同的品牌影響力的擴散方式，是場景管道的有效建構。

3. 找到分享的槓桿能力和乘法效應 —— 社交網路

行動網路時代，新型社交工具和平臺，都兼具媒體傳播的屬性。並且，相對於傳統的資訊傳播方式，行動社交平臺的資訊傳播更具開放性和病毒式的擴散效應。這些特徵使得「網路＋」時代的社群分享被無限放大：分享越多，連線的

機會越多，互為管道的結合點就越多，也就更容易把有限的市場空間無限擴展。

對於企業來說，不論行銷形式如何，關鍵是要掌握上述的分享邏輯，精確定位使用者的興趣點和痛點，透過極具衝擊力的資訊不斷吸引使用者的眼光和分享興趣，以實現基於不同場景的有效連線。也唯有如此，企業才能獲取場景紅利和分享價值。

跨界連線＝新的場景使用者

網路對商業領域的滲透和重構是全方位、立體性、多層次的。這種顛覆重構的一個重要表現就是傳統的產業界限趨於模糊，跨界連線成為新一輪的商業發展趨勢：火鍋店跨界美甲、商場跨界兒童遊藝中心、護膚品牌跨界餐飲等等。這些跨界連線背後所反映的是「網路＋」時代下圍繞消費者的個性化和多元化需求建構起來的新場景。這種場景的商業價值與其說是來自產品和服務本身，不如說是源自於使用者的參與體驗和情感價值認同。

由此，「網路＋」時代既徹底顛覆了人們對產品、服務約定俗成的印象，更加注重消費者的個性化需求和情感價值的滿足，又為企業和品牌帶來了新的價值創造空間，即透過新場景的建構有效連線使用者，獲取更多的商業價值。

這是一個場景化的時代，人們總是處於碎片化的不同場景中。因此，企業的價值獲取不再是以自身營運為中心，而是需要從管道和自身資源的角度出發，打破品牌與產業壁壘，圍繞使用者的個性化體驗建構出適宜的場景，形成互補的品牌跨界和連線，以滿足使用者的個性化需求和情感體驗，創造新的場景使用者群，進而實現品牌價值。

總之，行動網路時代，使用者群的流動性特徵，要求企業和品牌實現橫向的跨界信任與連線，從側重於流量獲取轉向新的場景使用者的創造，以此獲得更大的競爭能力和場景價值。

▌次文化＋粉絲社群＋內容分享＝流行造場

PC 時代「流量為王」的電商模式已經成為過去，伴隨行動時代而來的是：圍繞使用者碎片化場景需求的社群分享，成為新的網路入口和連線管道。因此，在「網路＋」時代，品牌行銷不再只是圍繞自身產品的策劃，更是對使用者個性需求和價值體驗的精確定位和細化，乃至將產品或品牌塑造成表達某種社群文化和價值的特定符號。

在行動網路時代，個體被整合進不同的社群之中，並透過新型社交平臺分享著各種訊息、資源與價值。社群次文化的大行其道，讓基於不同場景的即時性衝動消費成為常態，

也塑造了新的交易入口。

　　場景時代，流行即流量，所見即所得，瀏覽即購買。因此，如何不斷創造出新的引爆點，讓產品或品牌所代表的特定生活方式和價值成為一種流行，從而具有長久的吸引力和影響力，就成為企業的主要關注點。具體而言，企業需要從下面三個關鍵因素入手實現流行造場，從而獲取場景價值，如圖 1-9 所示。

圖 1-9 流行造場的 3 個關鍵因素

1. 相信次文化的力量

　　行動網路時代，個體的泛社群化、次文化特質，推動著電商從流量的爭奪轉向場景的建構。這種泛社群化和次文化特質，不僅是場景電商崛起的核心驅動力，而且它本身就是流行和主動搜尋帶來的流量。它們的價值實現是以大量粉絲的主動搜尋為前提的。

　　因此，對於企業來說，關鍵是要相信社群次文化的影響力，圍繞次文化場景塑造自己的產品價值和品牌符號，從而

激發使用者主動搜尋、瀏覽的意願，獲得場景連線價值。

2. 找到品牌的擁護者

流行造場的關鍵是要找到品牌的粉絲和擁護者，如此品牌才會具有引爆流行的能力。它們的流行造場都得益於大量的擁護者，得益於粉絲對品牌符號的高度價值認同和情感歸屬。因此，擁護者對品牌的真實情感，才是流行造場最重要的因素。

從這個意義而言，企業如果是透過中心化控制和驅動的方式，朝向所有的社群次文化進行品牌傳播，明顯就是對「流行即流量」的簡單化和片面化理解，也無法達到流行造場的目的。因為「網路＋」是一個高度個性化和多元化的時代，任何品牌和產品都能夠找到自己的擁護者和粉絲，卻也無法吸引到所有的使用者。

因此，明智的做法是，精確定位品牌的應用場景，細分使用者客群，藉助次文化的力量，把使用者變成對品牌有著真實情感和價值認同的擁護者和粉絲。如此，企業不用去控制和驅動，擁護者本身就會成為去中心化的傳播節點，主動透過社交平臺進行品牌分享和傳播，從而影響到更多的消費者，實現流行造場。

3. 實現人和人的分享

這是一個分享造就流行的時代，流量入口的新邏輯就是人與人的分享。透過各種行動社交平臺，任何一款產品都有

可能藉助分享成為一種流行。產品的流行和爆款無不是藉助於分享的力量。

總之，場景化時代，行銷問題已經衍變為策略發展問題。企業的行銷推廣已經不再主要取決於產品或品牌本身，而是更多地受使用者場景體驗的影響，是一種場景化行銷。企業只有圍繞使用者的場景需求，透過有效的連線能力將產品的功能屬性變為使用者新的場景體驗，才能夠真正吸引到使用者，實現流量的增長，甚至讓產品或品牌成為一種流行。

場景時代 2.0：
場景應用跨越虛擬與現實的「界線」

網路的普及和行動網路技術的不斷提高改變著人們的日常生活，許多舊場景一去不復返，出現了越來越多的新場景。

在場景時代下，虛擬實境發揮著關鍵的作用，它能使人利用可穿戴裝置進入到虛擬世界，這個世界的一切就如同人們所處的現實世界一樣讓人感覺真實，增強了使用者的體驗。

FOVE 公司位於日本，它推出了一款新的顯示裝置，該裝置第一次把眼球追蹤技術應用到這類產品中，全方位的視角能夠使人在虛擬場景下產生如同現實一樣的感覺，不僅如

此，使用者可以透過自己的眼球對該產品進行控制。

有人把網路時代下的實體場景稱作 1.0 場景時代，那麼上面描述的眼球追蹤技術的應用以及在虛擬世界中對瀏覽器的應用應被稱為場景時代的 2.0。

▍場景時代的 1.0 和 2.0

事實上，場景在網路的發展中造成了關鍵作用。網路的應用已經從以電腦應用為主逐漸轉移到手機、iPad 等行動端；之前報紙等紙質媒體的霸主地位逐漸被網路媒體平臺代替，自媒體平臺從部落格過渡到 IG；越來越多的人使用自拍桿，就像之前人們熱衷於美顏相機等。場景在網路的進步及產品的更新換代中發揮的作用不可小覷。

我們也可以這樣來表達，場景在整個網路的發展過程中造成了串聯作用。人們對生活水準及生活品質的要求不斷提高，希望能夠體驗新的場景，網路正是在這樣的驅動下走向完善的。

在電腦應用普及時，BBS 是輿論領域的主導者，在電腦時代它是人們首選的社交平臺，後來部落格誕生，越來越多的人選擇用部落格來分享新聞和動態消息，出現了新的應用場景。再後來，社群軟體的出現打破了部落格的壟斷局面，而通訊軟體的普及，使人們的社交範圍進一步擴大。

從行銷方式來分析，傳統的實體銷售因為電商的出現受到了衝擊，傳統的 B2C 模式被眾多的經營者應用，而 C2B 模式改變了使用者的被動地位，也使得 B2C 模式的壟斷局面被打破等。

不過上面闡述的這些例子只是場景應用中淺層的例子，虛擬實境才是對場景的深入拓展。

一家科技公司於 2014 年 9 月推出了 VR 裝置，其創始人認為，網路會向虛擬實境的方向發展，其發展前景被看好，創始人希望成為 VR 時代的先驅者，虛擬實境本質上就是提高現實感，讓使用者參與到影音產品的互動和遊戲中，使人產生如同身處現實世界的感覺，能夠顛覆傳統的場景時代。

虛擬實境技術中應用了互動 3D 動態技術，該技術將多元訊息整合在一個整體系統中，再加上實體行為模擬技術的運用，使虛擬世界讓人有身臨其境之感，虛擬實境有可能將逝去的世界和未來時空連線到一起。

數字王國的特效製作團隊在國際上赫赫有名，他們製作的電影特效不止一次在奧斯卡上拿到大獎，2013 年周杰倫演唱會上，該團隊讓去世十八年的鄧麗君「穿越時空」，與周杰倫同臺對唱，這一事件讓人們對虛擬技術產生了極大的熱情。其原理是先透過電腦製作影片片段，演唱會的舞臺安裝了全息投影膜，在現場把製作好的影片投影到全息投影膜

上，這種膜既能夠透光，又能夠反光，它展現出來的影像能夠使人產生如同現實的感覺，這樣就能夠讓鄧麗君「復活」。

這個技術實現了實體景象的跨越，透過為觀眾提供多層次的體驗場景，讓人產生真實之感。實體場景是在人們物質生活達到一定階段為了促進經濟的進一步發展所實行的網路改革，被稱作場景的 1.0 時代，虛擬場景則是滿足使用者在視覺和精神上的訴求所實行的進一步改革，應該稱為場景的 2.0 時代，透過虛擬實境技術的應用能夠將逝去的世界和未來時空連線起來。場景時代的變遷如圖 1-10 所示。

圖 1-10 場景時代的變遷

眼球操控溝通虛擬和現實兩個世界

由東京的 FOVE 公司推出的頭戴顯示器首次將眼球追蹤技術應用到這類裝置中，為使用者提供了全方位的體驗，該產品還運用了感測技術以及位置追蹤技術，使用者

可以透過眼球控制顯示器，這是在控制虛擬實境中的突破運用，可以進行膽大的預測，在之後的虛擬技術應用中，一定會發揮更加重要的作用，透過眼球對虛擬世界進行控制，會讓虛擬實境得到進一步的發展，這種應用會讓人們更加沉醉於虛擬世界。

這種頭戴顯示器可以對使用者的視點進行追蹤定位，之後據此來靈活調整影像焦點，並能在使用過程中呈現出景深，這樣影像就如同現實生活中的物品一樣讓人感到真實存在。不僅如此，將該技術應用到遊戲場景中，使用者還能與其中的虛擬人物透過眼神實現互動，也無須透過鍵盤或滑鼠來進行操作，敵人進入到使用者的視野，就能鎖定武器。這是虛擬實境的深入拓展，能夠將虛擬和現實結合起來。

此外，這款產品透過應用非干擾性紅外線眼球追蹤技術，提高了及時性，誤差小，不會造成視覺混亂，同時，使用者還能在光線方面增強現實性感受。

可以簡單看一下機器的發展過程，最初是控制機器人，再到後來的智慧機器人，現在的機器人已經具有了最基本的情感功能，我們可以得出這樣的結論：虛擬實境的運用不會僅停留在眼球操控層面，透過眼神的互動將現實世界與虛擬世界連線，還可以運用電磁波等領先的技術來

連線虛擬和現實，使人們在虛擬世界中也能夠體驗到情緒和其他真實的感受。

能夠進行情感溝通是未來機器人的研究方向，虛擬實境也會向著這個方向發展，這兩者具有共同之處。

瀏覽器遇見虛擬實境：虛擬世界的入口

Mozilla 將其內部的 Firefox 瀏覽器提供給了第三方開發商，該瀏覽器運用了虛擬實境技術，還處在測試階段。在不久的將來，Firefox 的使用者就可以透過使用虛擬實境顯示器來享受虛擬實境上網服務。

在使用者使用該瀏覽器時，電腦可以向使用者提供虛擬的空間，使用者可以在其中進行真實的感官體驗，如果開啟全螢幕模式，使用者就能體驗到一個完全的虛擬世界，那些傳統模式下以 2D 形式呈現出來的事物會如同圍繞在使用者身邊的真實物體，包括原本只存在螢幕中的文字、圖片等訊息內容都會突破 2D 限制，使用者就像置身於另外一個世界，但其中的一切都是那樣真實可感。

Mozilla 公司的計畫是，使使用者在進行操作時能夠像把電腦切換成全螢幕播放那樣能立即切換到虛擬空間模式。該公司的執行總監曾這樣描述虛擬實境，從網路影片過渡到虛擬網路，將是對傳統網路應用的突破。也就是說，這個過

渡將是瀏覽器運用虛擬實境技術中最具創新性的一個舉動，如果這個應用變成現實，就會有更多的消費者選擇在家裡透過網路觀看立體電影，電影院在市場中的競爭地位會隨之下降，收入也會大打折扣。

透過運用虛擬實境技術，可以使使用者置身於虛擬世界，應該著眼於這個發展點，制定長遠的發展規劃，要聚焦於感測技術和光線感知技術的應用，這樣在不久的將來就能將虛擬世界與現實世界連線起來。

場景應用程式 LiveAPP：
以內容驅動，重構企業與使用者的連接

當眾多企業還在獨立研發行動客戶端的時候，「場景應用程式（LiveAPP）」已經開始作為一種新的產品形態在產業內逐漸熱門起來。維多利亞的祕密、特斯拉等品牌先後展開了社群行銷，而其在行銷過程中藉助的「場景應用程式」也開始受到了越來越多的關注。

2014 年 7 月，著名的內衣品牌維多利亞的祕密為了即將到來的節日，在國外推出了一款輕型場景應用程式，該應用程式剛上線就憑藉其酷炫以及性感的產品形態而受到了使用者的廣泛歡迎，並開始在社交平臺上迅速傳播。而

這種新的應用程式形式的出現也為未來商業領域的發展帶來了一種新方式。

那麼何謂場景應用程式？場景應用程式，英文為「LiveAPP，」從字面上來理解的話，Live 代表生動的、有活力的、現場的，我們可以將其理解為能夠與生活場景實現即時連線，而 APP 則是指應用程式的意思，因此場景應用程式就是指現場的、生動的場景行動應用程式。

場景應用程式：重構企業與人的商業連線

2012 年初，一家團隊研發了場景應用，場景應用是建立在行動網路連線引擎技術基礎之上的，是在行動網路時代開創的一種全新的訊息連線方式。行動網路的發展帶來了產品設計理念的變化，企業在設計產品的過程中更善於運用使用者思維，而場景應用的出現符合手機使用者的使用習慣，讓使用者只要透過手機就可以體驗到極致簡單的連線和產品體驗。

行動網路的發展讓時間逐漸呈現碎片化的趨勢，未來企業如果不能利用這些碎片化的時間融進使用者場景中去，抓住使用者的需求痛點，為他們提供極致的消費體驗，就有可能會失去與使用者建立連線的最佳時機。在行動網路時代，使用者需要有一個更生動、鮮活、小而美、精緻、能互動的場景應用。而場景應用就是將藝術以及技術相結合，融合使

用者場景以及產品的功能價值，從而積極引導和刺激使用者參與到場景中去。

從技術層面上來看，場景應用以雲端為基礎，不需要下載就可以隨時隨地連線企業與使用者，以及使用者與產品。場景應用的功能要優於 Html5，可以為使用者提供影片、圖文、音訊、電話、3D 等體驗支持，從而讓使用者體驗到一種視覺、聽覺、知覺等構成的一種全新體驗。

從傳播屬性上來講，場景應用的傳播主要是利用社交網路，並利用這一管道快速連線使用者，幫助企業重塑與使用者之間的商業關係。此外，場景應用也可以連線其他網站等，同時透過掃描條碼、聲波辨識以及圖形碼等也可以實現與使用者以及產品的連線。

對於在技術方面沒有任何優勢的傳統企業來說，要想擁有自己的場景應用也是一件比較容易的事情，該團隊專門為企業使用者設定了場景應用中心，使用者在這個場景應用中心可以根據自己的需求來展開線上製作、發布、購買、管理等一系列流程和服務，其中也包括一些商業行動化實用工具，例如場景、支付工具、數據分析、企業展示等。

同時，利用平臺開放性企業建構未來商業的平臺。開發者在場景應用開放平臺上可以獲得各種 OpenAPI（係指一個可公開取得的應用程式介面，提供開發人員透過程式化存取

一個專有的軟體應用程式。）的支持，並利用這些優勢開發出更多形態各異的場景應用。

利用場景應用中心為企業使用者提供種類更豐富以及更滿意的場景應用服務，不僅可以促進開發者在場景應用方面的開發，同時也可以帶來持續可觀的收入。

在行動網路發展所帶來的創新時代，企業和組織在發展過程中需要的並不是蘊含高科技含量的產品，而是能夠運用創新技術為公司帶來創新價值，從而推動公司的發展進入一個新的高度。該團隊為企業提供的是一套比較完整的行動化解決方案。利用這套方案，與個體建立新的連線關係，從而有效提升溝通效率，能精準地了解和抓住使用者的需求。

場景應用 vs 行動公益

行動網路的發展為人們的工作和生活帶來了顛覆性的變化，同時也對個人資訊的傳播能力以及場景的即時滿足提出了更高的要求。

在傳統的公益活動中，如果需要舉辦線下活動，不管是宣傳材料的製作、租賃場地以及場地布置等都需要耗費比較大的成本，而如果在公益活動充分利用行動網路的作用，那麼不僅會降低活動的成本，同時還會將公益活動傳播到更大

範圍，公益的價值也會得到更大的增長。隨著行動應用場景在各個領域的滲透，未來在各個領域都會有行動場景的影子，在公益領域，「行動公益」也會成為一種新的發展訴求。

　　場景應用在傳播以及分享方面的優勢使得使用者的能量可以得到最大限度的激發和釋放，公益號召可以不用單純依靠組織方，每一個個體都可以成為公益的號召者、參與者或者組織者。在行動網路技術的支撐下，慈善正在逐漸成為一種社會性的活動，各種愛心以及公益將成為人們生活中的一部分，實現了「人人公益」的目標，讓更多需要幫助的人可以享受到更多的關愛。

用連線的思維，與使用者真正進行交流

　　場景應用的出現為企業與使用者之間建立了一種新的連線關係，在這種關係的基礎上，企業需要運用連線思維，與使用者之間實現真實有效的溝通。那麼應該怎樣理解在行動網路時代的連線思維呢？

圖 1-14 行動網路時代連線思維的 3 個特點

在筆者看來，新時代的連線思維主要有 3 個特點：連線更快、連線更廣、連線更方便，如圖 1-14 所示。傳統企業之所以不能迅速地做出反應就是因為中間流程太多，因此，縮減中間流程就成了傳統企業朝著行動網路化發展的必要環節。

　　行動網路的發展使得行動社交開始成為一種重要的社交方式，「場景」開始成為一個新的連線入口。行動網路以及大數據在商業領域的應用和滲透，使消費者的購物行為從原本受價格影響轉變為以場景為導向，消費者在生活中的任何一個場景都有可能成為購物場景，因此企業要想更好地吸引消費者，就應該走進消費者的生活，深入挖掘潛在的生活場景，並將其發展為購物場景，從而為企業帶來創新性的價值。

　　當消費者在面對一個廣告訊息的時候可能產生情感上的共鳴，但是卻不會產生購買行為，而在場景應用中，如果天氣變冷消費者正好需要購買一件外套，而正好在即時場景中看到了某個品牌的外套，可以直接點開連結購買，這就是一種比較精準的連線方式。

　　利用場景將企業與消費者連線起來，從而有效促進企業產品的行銷推廣，促成產品的交易，而這種交易過程是基本不需要付出多少行銷廣告成本的。

場景連線，利用內容場景化引導 APP 下載

很多企業都有自己的 APP，但是對企業來說，應該怎樣運用網路思維幫助 APP 實現引流下載呢？

APP 作為網路時代的訊息中心，在行動網路發展所帶來的訊息碎片化的時代，生存起來就比較艱難，除了一些超級 APP 之外，大多數的 APP 都屬於邊緣 APP。也正是因為這樣才促使 APP 開始朝著細分化的方向發展。

行動網路的廣泛應用推動了 APP 市場的繁榮，同時也加劇了 APP 市場的競爭，APP 要想在競爭中生存下來，就必須以使用者需求以及碎片化場景內容中的服務為出發點，用內容驅動和引導使用者下載 APP，這樣就會省去很多傳播成本。當然這種引導和驅動要想獲得成功首先應該確保 APP 有一個使用者體驗場景。

比如，有一款美食 APP，這款 APP 主要是帶領使用者去發現、品嘗以及分享美食，後來美食 APP 利用場景應用設計了一個「當地最好吃的美食排行」場景，使用者如果想要獲得更多的美食訊息並用美食結識朋友，找到自己的同好，只要點選下載 APP 就可以實現。

這一場景應用的設計和 APP 獲得了消費者的廣泛歡迎，並獲得了不錯的成效。隨後，一些 APP 等都開始採用場景應用，並利用這種創新的訊息連線方式，在建立連線關

係之後，利用優質的內容維護使用者關係。

場景應用建構場景入口，一種新的訊息連線形式

　　場景應用是在場景基礎上開發的一種應用技術，這種應用技術不需要下載，也不需要儲存，只要掃描 QR Code 或者點選連結就可以享受到場景應用中的內容，獲得豐富的互動式體驗。而且建立在場景應用中的連線，可以將使用者從線下轉移到線上的場景變得立體化。同時場景應用的建立也可以從視覺、聽覺以及觸覺等多方面入手，在場景應用基礎上建立的「無縫連線」能夠對場景進行及時響應，而且這種高效的連線方式在傳統企業看來是無法想像的。

　　隨著場景應用知名度以及實際效用的不斷提升，BMW 等知名的企業機構也開始積極嘗試場景應用，場景應用逐漸火爆起來，獲得的關注也越來越多。

　　在特斯拉舉辦的一場場景傳播活動中，活動開始後，從後臺預約試駕的使用者就達到 1,000 多名，足以見得場景建構能夠有效地引導和影響使用者的行為。可以預見的是，未來，各個企業品牌將更加重視使用者體驗以及場景建構，企業在場景應用的支持下會得到創新性的發展。

第二章　場景思維：
場景時代，
顛覆傳統商業邏輯

何謂場景思維：
消費者導向時代，企業策略轉型的利器

所謂「場景」，一是指戲劇、電影等藝術作品中的場面；二是泛指情景。雖然兩種解釋不同，但究其根本來說，都是由特定的時間、地點和人物等要素構成的特定關係。其應用自然十分廣泛，在商業領域，「場景」更是十分重要，因為它所引發的就是人們最為熟悉的消費市場。

傳統的電商促進了人們購物方式的轉型，將線下搬到了線上，而行動網路的飛速發展則進一步改變了人們的購物方式，將人們碎片化的時間透過智慧裝置充分地利用起來，使消費者隨時隨地都能感受到訊息的轟炸，進而發生消費行為。而這個過程，就是一個生活場景向實際消費轉化的過程。也就是說，透過消費者和訊息的一個碰撞而產生了消費行為或是潛在的消費行為。

這，就是場景化。

科技一向以人為本，而行動網路在此方面做得尤為出色，也為新時代的商業與消費帶來了不一樣的側重點，那就是使用者體驗。

如今，市場上的各種產品都是以使用者為中心，根據其實際情況以及消費習慣來設計生產。而產業與產業之間

的界限也不再不可踰越，跨界融合成為主要趨勢，再加上依託於社交網路而存在的社群效應，商家與消費者之間將不再局限於賣與買的關係之中，雙方之間的關係隨著黏著度互動進一步加深。在此基礎上，商業行為得到了更深更廣的延伸。

如此一來，場景化思維就成了企業制定發展策略的一柄利器。而企業也面臨著相關的問題需要思考，在當前市場更迭如此頻繁的形勢下，企業怎樣憑藉自身產品和服務來維持消費者的關注度以及忠誠度呢？隨著市場越來越細化，企業要如何運用「場景」的力量在激烈的競爭中獲得優勢呢？主動出擊與被動等待要如何選擇？

其實，這些問題並沒有標準答案。

因為，在時代變化的影響下，市場本來就是千變萬化的，所以面臨的場景五花八門，那麼企業的策略制定和策略選擇就有所不同。這沒有什麼對錯之分，只要是因時、因地制宜，運作合理得當，就能以最合適的商業生態發揮最大的作用，在激烈的市場競爭中贏得一席之地。

▎個性化體驗

行動網路時代，市場已經走向了場景導向，如同上文所說，如今的產品設計生產是圍繞著使用者而展開的，這就說

明了市場已經從以物為中心轉化為以人為中心。

如圖 2-1 所示，人們參與商業活動，最先接觸也最為關心的是體驗，而這一點就恰恰是決定行銷成敗的關鍵點之一。

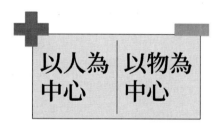

圖 2-1 市場導向的轉變

在傳統的商業活動中，占據主導地位的規模經濟，滿足的是大多數人的需求，所以行銷行為是以「物」為中心的，比較注重的是產品本身所能帶來的利益，面對清一色的商品和服務，人們並沒有太多的選擇空間，價格就成為最為關注的焦點。正是因為如此，購物網站等才以「低價促銷」籠絡住了大批忠誠的使用者。

然而，時代的齒輪已經轉到了以「人」為中心的場景時代，體驗取代價格成為消費者的敏感地帶。場景化行銷正是摸準了消費者這一脈搏，透過線上線下的連線來建構場景，以提供更有價值的體驗，使之產生共鳴激發購買欲望而獲利。此時，個性化體驗成為決定使用者消費意願的重要因素。

▍跨界融合

在時代快速發展的同時，人們的生活方式也進入了一個飛快的節奏，作息習慣發生翻天覆地的變化，每一天接觸的場景越來越多，工作場所、商場、超市、咖啡廳、速食店、電影院、健身房……在這些場景裡，有著大量的訊息衝擊，人們所能關注、駐足的卻不足一二。

由此，我們可以得出這樣一個結論，那就是單一的訊息展示並不足以吸引到人們的目光，更遑論深入了解了。也就是說，企業一旦選擇了以此種方式進行行銷的話，效果無疑是慘淡的。

眾所周知，企業行銷的關鍵在於吸引使用者並保持黏著度，那麼，企業應如何吸引到步履匆匆的現代人，並使之在繁雜的市場中認準自身的產品和服務呢？

著名的戰地記者羅伯特‧卡帕（Robert Capa）曾經說過：「如果你拍得不夠好，那是你離得不夠近。」這句話應用到行銷中也同樣有其道理，如果你無法促成消費，那是因為你離消費者不夠近，所以你需要走進他們並融入他們。

其實，我們本就是生活在場景之中，消費行為會受到場景暗示，對此，商家要做的就是順勢而為，打破線上線下的桎梏，將人們的碎片化時間充分利用起來，建構生活場景，觸發或刺激人們的購買欲。

隨著行動網路的發展，多元化特徵愈加明顯，不同產業間有了多點、多領域的連線，跨界融合得到了實現。有時候，越是跨界的搭配，就越能夠碰撞出讓人眼前一亮的火花，就如同 Chanel 的超級市場走秀一樣，讓人備感驚喜。

阿根廷的家電零售商 Ribeiro 就玩轉了跨界和碎片化時間的利用。首先，Ribeiro 想讓人們意識到，他們的日常開銷可以買到性價比很高的商品；其次，與競爭激烈的計程車產業實行了跨界合作。

具體的方式是這樣的：Ribeiro 在一批計程車內安裝了顯示裝置並在車頂上放上了自己的 logo，這樣乘客就可以透過顯示裝置看到車子行走的里程數，當這個數值達到一定的數額之後，顯示裝置會出現與這個數值所需車費相對應的商品，這就說明你平時搭車的花費就能夠付此商品的分期首付，原本覺得遙不可及的貴重商品一下子就變得唾手可得了，而搭車的收據還能夠在 Ribeiro 裡做折扣券使用。

社群效應

古人說：「物以類聚，人以群分。」社群，就是一群人的集合，有著相同的、明顯的社交屬性。企業在設計消費場景時，正好可以以此為依據，將具有相同需求的使用者彙集到一起，並形成社群效應。如此一來，企業就在一定程度上提升了其消費黏著度。

社群是有著共同的屬性的，而在消費場景的劃分中，根據頻率與分布的不同可分為兩組，每一組都有兩個不同的關鍵詞，每一個關鍵詞都對應一個場景，分別是頻繁和間歇、密集與廣域。

頻繁和間歇，前者代表的是必然消費，後者則是偶然消費。舉個例子來說，餐飲就是頻繁場景，因為人們每天都要吃飯，作為服務業的重要組成部分，其規模非常龐大。那麼，間歇場景則與之不同，所謂「間歇」，就是隔一段時間就停息一會兒，所以那些重複購買率低的產品或服務就包含其中，比如推拿按摩。

市場上有許多的產業都是根據人的生活衍生而來的，不同的生活方式對應不同的商業行為。對於習慣鍛鍊身體的人來說，不管是選擇健身還是選擇瑜伽，都能夠以此為中心發散出一個相關的產業鏈；動漫周邊市場，限定特定的社群，沒有更廣的延展性。

密集場景則不限定某一特定社群，它更傾向於是一個社群的大聯合，衍生出不同的意義。比如，在聖誕節平安夜裡，象徵著平安的蘋果會在精美的包裝下賣出高出平時幾倍甚至幾十倍的價格，而此時，消費者對價格的攀升卻並不敏感，正是因為在這特定的時間裡消費行為得到了集中的爆發。與之類似的還有情人節的鮮花。

與之相對的廣域場景似乎更容易令人理解，因為其根本

就沒什麼特別的含義，就僅僅是普遍的消費而已，比如飲品消費，但是星巴克卻是個例外，因為它賣的並不是飲品，而是體驗，飲品只不過是一種載體而已。

對消費場景的充分認識，能夠使企業找到努力的方向，更全面地為消費者提供場景服務，並且還能從中找到市場縫隙，擺正自己的位置。

在如今的消費市場中，年輕一代更容易受到訊息傳播的影響，相比於上一代人較為保守的消費觀，8、9 年級生乃至 00 世代的消費主張更為開放，這與收入高低沒有關係，更多的是觀念不同。年輕一代的消費比較隨性，對於產品或服務的品質更為注重，又因為社交媒體的發達，他們更樂於分享與炫耀。除此之外，他們在進行消費選擇時，個性體驗是最為關注的參考依據。

抓住年輕人社群，其實就是抓住消費族群的主力軍，所以企業更要注重個性體驗的開發，在良好的產品服務的基礎上，傳遞出品牌的情感溫度。這樣一來，企業就可以在短時間內鎖定目標客群，並培養出消費黏著度。這是社群所能發揮的力量，也是場景化思維在企業的策略發展中所造成的巨大作用。

從場景記憶到場景辨識

在行動網路時代，通訊、位置、新聞等各類 APP 產品幾乎形成壟斷之勢，霸占了所有入口，這就是我們所說的

APP1.0 時代，在這個階段裡的 APP 開發都遵循著場景記憶這一鐵律。

場景記憶，其實就是對某個時間、地點的特定事件的記憶。應用於此，意思就是在特定的場景裡使用者會想到這個 APP，比如要聊天會想起 Line，找路時會用 Google 地圖等等。

然而，Line 這樣高頻率消費的 APP 產品不屬於大多數，所以一味地依靠建立場景記憶來開發執行的話並不現實，尤其是對於那些與車子房子等存在剛性需求且消費頻率比較低的產品來說。

從本質上說，場景記憶就是一種條件反射，一旦反射消失，產品就面臨比較大的損失。所以，需要不斷地觸發刺激，以確保使用者對其的敏感性。此外，企業需要跳出這一危險桎梏，將場景辨識列入發展策略之中，這是一種更為高效的方式，需要分析判斷某個特定的場景，然後找出解決問題或潛在問題的方法。從更深層次去理解的話，這是要求企業之間進行產業融合。企業場景思維的轉變趨勢如圖 2-2 所示。

場景記憶 是一種條件反射　場景識別 要求企業之間進行產業融合

圖 2-2 企業場景思維的轉變趨勢

目前，已有技術支援的場景辨識已然得以實現，消費者的需求將會得到進一步的滿足，而基於場景辨識的新產品將在 APP2.0 時代裡大放異彩。

武俠世界裡有「天下武功，唯快不破」的說法，這說明了速度的重要性，在網路的發展中，速度依然是關鍵性要素，如果企業能在消費者有需求時第一時間出現的話，就已經搶得了先機，後期再結合社交傳播與口碑行銷，就能夠最大限度地籠絡住消費者。

垂直領域內的競爭，勝者最終會「一統天下」，所以企業必須抓住群雄逐鹿的機遇，在所在領域尚未有壟斷壁壘時，不斷突破自我，尋求跨界合作，建構全新場景，獲取新的需求。

只有如此，場景化思維這柄利器才能助其實現真正的商業生態循環。

場景思維 PK 流量思維：
場景時代下，終結傳統商業邏輯

有人認為網路思維就是一種以消費者為中心，從消費者的訴求出發的「C2B（Consumer To Business）模式」，企業藉助資料庫，透過挖掘大數據，或者頻繁的使用者疊代，獲得消費者的訴求，從而驅動企業的生產經營，先有顧客再有產

品的「C2B 模式」造就了小米的銷售傳奇，也象徵著消費者掌握主權時代的到來。

鮮為人知的是，這場消費者主導代替企業主導的革命，在實現消費者主權的同時也為企業帶來了網路焦慮症的隱患。

消費者主權並非網路思維本質

網路思維的本質是為消費者帶來資訊獲得上的平等，而並非將企業主導轉變為消費者主導，將主權由企業轉移給消費者。

實質上，消費者掌握主權的思想與網路的平等思想是相悖的，這是企業產生網路焦慮症的直接原因。無論是 C2B 模式（消費者驅動模式）還是 B2C 模式（產品價格驅動模式），企業在與客戶互動的時候都高度依賴各種平臺的資料庫，入口和流量也就成為各個企業之間的競爭焦點。

以消費者為中心的網路商業模式以「眼球經濟」（即透過吸引公眾注意力來獲取經濟收益）為主，透過高品質的內容和提供的有效訊息，依賴資料庫獲得流量，然後透過流量變現的形式把投資商和供應商吸引過來，這樣最終形成了完整的產業鏈。

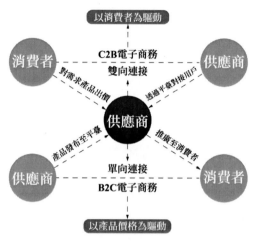

圖 2-3 網路時代的產業鏈

　　如圖 2-3 所示，當消費者居於核心地位從而驅動整個企業運轉的時候，問題也隨之出現了：客戶和企業接觸的平臺成為企業關注的焦點，企業試圖以使用者的需求為中心對產品進行生產和設計。在這種過分即時追蹤消費者不斷變化的需求過程中，其實是對應對消費者變化的主動權的一種放棄。因為，每個企業在應對消費者千變萬化的需求的時候，都會變得力不從心，顧此失彼。於是這種碎片化市場給企業帶來的最大困擾就是難於盈利。

　　簡而言之，企業對網路平等思想的背叛，以及企業對市場主權的放任，簡單粗暴地從生產者轉移到消費者，導致了網路焦慮症的產生。

流量思維的終結

網路平臺型企業的輝煌為大多數企業，尤其是傳統企業網路轉型提供了目標，大型公司、集團都紛紛開始建立自己的網路平臺。

網路爭奪就是對流量和入口的爭奪，對在電商平臺上做生意的商家而言，交易量取決於客戶流量。PC 網路時代，流量的競爭決定了企業之間的競爭。

流量思維帶來網路焦慮，這是一種必然的競爭導向。平臺和產品再優秀也有被競爭對手和新產品取代的那一天，這也正是企業網路焦慮的根源。

現在，行動網路的快速發展促進了企業新的商業模式的形成。智慧型手機、線上支付、定位導航等技術正在改變著這個世界的商業、消費模式。在過去的 PC 網路時代，誰掌控了流量誰就有資格稱霸網路，現如今隨著自媒體、行動網路、行動社交網路的快速崛起，好的創意即可解決流量問題，客戶更在乎場景設計是否個性化，因此，有創意的、個性化的場景設計才是最重要的，場景思維為網路焦慮症的治療提供了新方法。

場景設計才是王道

「場景」一詞本身是一個影視用語，指在一定的時間、空間內發生的一定的任務活動，或者因人物之間的關係構成

了具體生動的畫面，是透過人物的行動和生活事件表現劇情的特定過程。

場景隨處可見，對於消費者，他們都是在特定的時間、空間內以及特定的人物關係下產生消費行為。因此，在某種特定的場景下就有可能促使消費者產生消費行為。而網路電商平臺的作用只是將消費者的消費模式從實體的線下轉為虛擬的線上。消費者可以在線上自由地對大量同類產品進行對比，從而以最合適的價格得到自己想要的產品。

然而，隨著行動網路時代的到來，消費者的行為也隨之發生了翻天覆地的變化。首先，消費者不再是透過 PC（個人電腦）完成網路消費，而是藉助智慧型手機、QR Code、蘋果手錶、Google 眼鏡等可隨身攜帶的智慧裝置，透過具體的生活場景，與消費者連繫。

因此，購物場景蘊含在消費者的每一個生活場景中，它將數位虛擬世界與現實世界相融合，使消費者的消費行為發生了變化，即從虛擬世界回歸到現實世界中。毋庸置疑，在行動網路時代，人們的購物行為也發生了明顯的轉變，即從之前的價格導向轉變為場景導向。

購物場景更加碎片化。客戶專門抽出空閒時間用來購物的情況越來越少，比如有時客戶在中午無所事事的時候，就可以開啟手機購物，挑選一件自己滿意的商品收藏，然後等到快下班的時候下訂單完成支付。

在空間上，他們也無須到一個特定的環境中購買，有時在電腦前，甚至在等公車、電梯的時候，隨手掃一下 QR Code 便可以開啟連結，進行購買支付。在社交上，有的消費者更加信賴朋友的推薦，或在空間裡看中朋友推薦的某件東西，便也跟風購買了。

場景思維與流量思維兩者的區別在於：場景思維以客戶為中心，從客戶的習慣出發，更貼近客戶的生活；流量則以企業為中心，企業看中的是平臺上的資源對客戶的吸引力，好的資源猶如貌美的女子令人傾慕，而差的資源則會被人嫌棄，所以，怎麼沒有焦慮？

企業要跨界合作

個人消費包含一系列的場景，比如，一個人可以在週六的上午去圖書館看書讀報，中午吃肯德基，下午再去逛商場，這種不同場景的組合也為多對多跨界的異業合作提供了機會。小企業如果可以好好利用這一點，也可做成大生意。

Google 旗下的導航平臺 Waze 利用行動裝置的 GPS 資訊，為使用者提供強大的導航功能，從而推薦更好的行車路線，同時還能引導使用者消費。

比如，當使用者早上開車上班時，Waze 可以為使用者提供最方便暢通的路段，如果使用者在等紅綠燈時，旁邊正好有一家星巴克，Waze 還會彈出一段推薦星巴克中提神的

拿鐵咖啡的廣告；當使用者想去商場購物時，Waze 還會彈出附近銀行 ATM 的具體位置。

一些網路品牌服飾也相繼推出 APP。實踐證明，很少會有人使用單品牌的展示服裝 APP，但當這個 APP 與購買服裝的相關消費場景相結合，情況就會完全不同了。

當消費者逛街購買衣物時，這個 APP 可以隨時幫你定位周圍服裝店的地理位置、該店的品牌、該店衣服的風格、質料以及價格等資訊；在選擇衣物時，還會為你提供價格比較、衣服搭配的建議；在支付時，為你提供方便快捷的線上支付，省去排隊的繁瑣。這種體驗，怎能不讓消費者動心？

社群和行動雲端技術的結合徹底改變了我們的日常生活和工作方式。例如，Facebook 就一直致力於把使用者和與使用者相關的人連繫起來，它可以預測使用者的需求並及時提供幫助。行動網路把世界相連，在為使用者帶去方便、快樂的同時，也增強了企業對使用者需求的預測能力，這樣，企業就不會為對顧客的需求一無所知而感到不安。

因為生產和消費相互影響，所以僅僅透過連通消費場景掌握消費者需求變化趨勢是不夠的，還需要時刻關注消費者背後的生產者。生產與消費場景的直接連通，可以幫助企業及時發現影響消費者需求變化的因素，從而準確地預測消費者需求變動的方向。

從入口爭奪到場景爭奪：企業如何以場景思維建構商業體系

依靠頁面瀏覽來獲得流量的時代已然成為過去時，場景時代已經飄然而至，如果各個大廠企業不能順應時代發展的趨勢，擁抱場景，那麼就可能會被時代的洪流所淹沒。

在由 PC 端轉移到行動端的過程中，流量經濟已經逐漸失去其效用，在新時代面前，企業需要思考的是應該怎樣圍繞場景來建構新的商業體系，從而在擁抱趨勢的同時建立起自己的優勢，企業在建構新的商業體系的過程中又應該遵循哪些原則呢？

▍流量模式被淘汰的緣由

原本建立在流量基礎上的商業模式在行動網路時代已經失去了價值，在 PC 網路時代，如果日均百萬 PV（Page View，單頁點閱率）還不能實現盈利，那麼也就很難在網路領域立足。而在行動網路時代，日均使用用戶數百萬的 APP 只要能實現盈虧平衡，能基本維持其發展就是一件令人驕傲的事情。

也正是在這一判斷的基礎上，行動網路時代採用的策略是靠量來取勝。雖然很難將一個 APP 發展成為一種超級APP，但是可以將十幾個二流 APP 的力量凝聚起來。

但是在爭奪行動網路入口的戰爭中，二流 APP 在面對超級 APP 的時候根本沒有任何優勢可言，往往經常被使用者忽視，不僅不能成為入口，反而幾乎被直接淘汰出局。

建構場景需要遵循的原則

在行動網路時代，一個成功的 APP 應該自有一套建構場景的方法和手段，通常在建構場景的過程中應該始終圍繞幾個核心原則，如圖 2-4 所示。

之一　建構場景應該做到自然

之二　建構場景細節越具體，發揮的推動作用就越大

之三　建構場景要多利用外部觸點

圖 2-4 建構場景需要遵循的原則

1. 建構場景應該做到自然

比如現在智慧型手機上的軟體管理 APP，在收到流量不足的簡訊提示時就會引導使用者去購買流量包，這種場景的建構就比較自然，因為恰好是在使用者流量不夠用的時候出現的，使用者去購買流量包也是一種順其自然的事情。而相較之下，

如果每天都會向使用者推送相關的下載應用的通知，容易讓使用者產生厭煩，可能最終導致被解除安裝的命運。

因此在建構場景的時候應該順其自然，在使用者能夠接受和需要的時候出現，而不是刻意為之。市場上已經出現了使用簡訊等一些比較開放的訊息來協助建構場景的方式，這種方式也比較自然，更容易得到使用者的認可。

2. 建構場景細節越具體，發揮的推動作用就越大

2014 年 8 月，一家保險公司推出了一款班機延誤保險產品，並在 APP 上正式上線銷售，但是銷售業績卻並不好，主要原因在於沒有為消費者創造比較具體的購險場景，從而沒有足夠的推動力促使消費者購買。

不過如果出現這樣的狀況：使用者在購買機票的時候，APP 在向使用者展示其購險提醒以及按鈕的時候，同時向使用者展示該班機的誤點率能夠達到 70%，那麼相信這個產品會大賣。

查爾斯・杜希格（Charles Duhigg）在其著作《為什麼我們這樣生活，那樣工作？》（*The Power of Habit: Why We Do What We Do in Life and Business*）中提到，觸機（cue）是培養使用者形成習慣的關鍵性環節，而如果觸機能夠反映更多的具體內容，那麼對使用者習慣的培養和形成將具有重要的意義。

3. 建構場景要多利用外部觸點

隨著智慧型手機的普及，在市場上也出現了種類繁多的行動端 APP，通常情況下每一部智慧型手機上都有很多的 APP，但是其中有超過 80% 的 APP 是經常會被遺忘的，因此即使在每一款應用中都設計比較完善的場景，如果使用者不主動使用，那麼如何做到讓這些場景來影響使用者呢？

在手機的使用環境中，有很多可以在場景化中應用的觸點，比如簡訊、各類通知訊息、位置訊息等。

在眾多的場景化觸點中，簡訊可以說是內容最豐富的一個，但是卻也是經常性被忽略的一個：

利用銀行的帳單簡訊，可以為使用者建構一個分期付款的場景；

利用機票簡訊，為使用者設計一個預訂酒店的場景；

利用水、電、燃氣帳單簡訊，建構可以使用行動端支付工具的場景，從而培養使用者形成使用行動端支付帳款的習慣。

事實上，除了以上幾種可以建構的場景之外，在簡訊方面還有很多的場景建構空間尚未被開發，但是大多數人卻將目光始終放在爭奪行動網路入口上，而忽視了對場景的建構，也因此失去了很多可以實現質變的機會。

不過值得慶幸的是，各大手機廠商以及超級 APP 已經意識到了這一點並開始積極採取行動，比如，聯想在 2015

年推出的通訊錄產品中就包含了情景簡訊功能。

由此可見，在智慧型手機市場增速放緩的情況下，各大手機廠商已經開始重視提升使用者體驗以及建構O2O服務。

在瞬息萬變的行動網路時代，只有具備敏銳的洞察力以及迅速的反應能力，才能及時調整狀態適應並追趕時代趨勢的發展，否則即便實力再強，也難逃覆滅的命運。

場景思維＋商業應用：抓住消費者需求痛點，提供個性化體驗

一些企業在行動網路變革的浪潮中，把行動網路歸為一種銷售管道，他們認為，行動網路存在的意義就在於透過這個管道銷售自己的產品，其實這樣的企業就是以一種傳統的思維方式在思考，在瞬息萬變的行動網路時代這種企業是很危險的。

企業的實體零售通路有店租成本，行動網路的使用者流量同樣需要成本，而且這個成本更為高昂，在企業拓展行動網路這個管道之時需要投入大量的資源。

其實行動網路的便捷性可以實現企業與使用者之間的無縫連結，企業完全可以越過一些管道，與使用者直接建立連線，而這個連線過程中所需要的兩個核心要素就是接下來首先要講的內容：場景與體驗。

場景化思維：場景＋體驗

運用場景化思維將消費者的行為與需求劃分成不同的場景，這將對以傳統思維方式看待行動網路的企業帶來巨大的衝擊，現實中使用者需要出遊、娛樂、就餐、工作等場景，這些場景將永遠存在，在行動網路的依託下可以創造出更加豐富及高品質的服務及體驗。

以場景化的思維去重新看待網路，PC 網路與行動網路的主要區別就在於辦公與戶外場景之間的差異。

一些當前比較成功地釋放出網路的商業價值的公司數量還遠遠不能和當前龐大的市場需求相對應，它們通常只是在生活中比較常見的幾個場景。在這之外還有人們生活中的許多場景沒有被開發出來，而且目前已經開發出的場景解決的只是部分痛點，醫院場景絕不是掛號就能滿足，單純的導航也遠遠滿足不了駕車場景，就餐場景僅靠外送平臺還遠遠不夠。

生活中能夠以場景化思維劃分出來的場景到處都是，比如，早上起床到洗漱再到外出的場景就可以開發出一個涵蓋鬧鐘、日曆、天氣、路況的 APP。健身場景，就存在著社交、音樂、飲料等的需求。而人們在等公車、排隊等擁有碎片化時間的場景，可以充分開發人們的購物需求。

一些電商企業，由於未能適應行動網路時代變革，導致企業處於困境。這些企業行動購物體驗未能滿足如今消費者行動

終端的碎片化的場景，人們現在追求的是小巧精美的單品，而且由行動社交平臺所催生的社交電商正發展得如火如荼。

以場景化思維思考的網路商業應用都是在為場景服務，為消費者的體驗而服務。而應用的形式可以存在差異，但其要解決的幾個方面的問題卻必須保持一致，即使用者定位、使用者所處場景、你能滿足消費者的何種需求、如何透過行動終端進行傳播。對於傳統的零售產業與商業地產更應該著力解決這幾個問題，完成銷售只是一時的利潤，而這種場景化需求潛在價值的發掘卻可以創造長久的價值。

在場景化的應用過程中，企業不應把行動網路與線下實體店進行切割，而是應該把這兩種場景進行結合。以行動終端為媒介將實體環境的優勢充分發揮出來，為使用者創造高品質的體驗及服務。

如今早已進入買方市場，商家需要以使用者為中心，場景化過程中更需要將使用者的體驗做到極致，由提供的產品衍生的周邊服務反而存在著更大的利潤空間，而且還能有效減少推銷單一的產品給消費者帶來的反感情緒。

場景化應用的特性

場景化應用的關鍵在於企業能夠抓住消費者在不同場景化中的需求，為消費者提供個性化與訂製化的產品及服務。

場景化的應用中有幾個核心要素，分別是：消費者、載體、商業模式、服務及體驗，如圖 2-5 所示。消費者是需求的主體，載體是承載不同場景下消費者需求的實現終端，而商業模式為消費者與商家的連線提供了規範化的指導，服務及體驗則是提升使用者滿意度的重要手段。

圖 2-5 場景化應用中的核心要素

場景化更加注重使用者與環境之間的連繫，而依據消費者在不同環境下的場景行為與需求的變化可以對消費者場景化進行分類。就目前看來，場景可以劃分成家庭場景、商務場景及移動場景，如圖 2-6 所示。

圖 2-6 場景的劃分

這三種場景之間並無明顯的界限，會產生一些交叉，行動網路時代人與外界之間連線的複雜性導致了場景之間的界限更為模糊。家庭場景中人們的行為在表現出濃厚的親情氛圍之餘更具私密感及隨意性；商務場景中的人們表現出較強的邏輯性以適應商務生活中的各種規則；移動場景則是一種對於前兩種場景之間的狀態的表達，主要是人們介於家庭與商務之間的動態場景。

場景化應用的範圍可以延伸到更加廣闊的維度，商業及非商業的領域中都可以找到場景化應用存在的身影。下面主要探討如何實現電商模式下的場景化應用。

場景化的商業應用

不同的場景消費者的需求自然會有所改變，能使消費者的需求得到滿足則是實現商業價值變現的核心所在。家庭、商務、移動 3 種場景的不同自然形成了場景化的服務及硬體支持的差異化，行動網路時代電子商務的模式創新則給滿足這 3 種不同場景的消費者需求提供了一種行之有效的途徑。

家庭場景中，使用者的需求多以生活場景為主題，生活場景中的硬體形式雖然也具有多樣性，但是最為基本的電視、個人電腦、行動智慧終端可以作為一個切入點，當前電視、個人電腦的使用呈現下滑狀態，而智慧化的電視、機上

盒、路由器等逐漸興起，布局客廳硬體裝置已經成為下一階段網路大廠企業打響戰爭的又一個戰場。

過去的電視提供的內容對於消費者來說只能被動地接受，而如今行動網路技術的普及使得兼具上網、電視功能的智慧電視得以進入人們的生活之中，人們在看電視的同時還能完成消費購物。

商家可以在電視等智慧終端裝置上新增套裝內容，某家電品牌的電視幾乎是以成本價在銷售，但其在電視中透過新增專屬的內容從而可以向使用者收取電視服務費。影片購物將會成為人們購物生活的一大熱點，而能夠傳遞給人們大量影片的電視會成為商家推廣產品的重要媒介。

家庭場景下，電商與影片的深度融合將會推動產業朝著更為廣闊的領域邁進。在商務場景之中，PC 依然在人們使用的終端裝置中占據巨大優勢，這一點和如今的電子商務應用的主要裝置相同。行動網路的概念自 2012 年以後開始變得火熱起來，如今其熱度還在不斷地增長。

這 3 種不同的場景中，行動端的市場是產業的一個重要切入點，人們碎片化時間逐漸增多的同時，處於移動狀態下的人們的這些時間如何被商家利用成為業內關注的焦點。

處於移動狀態場景中的人們相對自由，需求也更加偏向個性化。行動裝置，比如手機、iPad 成為這一場景下的關

鍵，個性化的需求使商家可以在娛樂、學習、金融、購物等多種類型下展開服務，行動端的 APP 開發也成為這一場景下的競爭重點。

行動端購物經過幾年的發展，如今市場已經頗具規模，電商企業爭奪的焦點主要是行動端的使用者流量入口，而且行動端購物的特點決定了在實體商業行為中實現的延遲性，使用者用手機體驗到的是虛擬商業，完成實體購物需要等待一段時間，由此看來商家的服務成為這一場景下能否成功的關鍵所在。

目前，電商的發展程度還沒達到使用者在行動端下完訂單後再去某一地點後即可獲得商品的程度。O2O 模式的出現就是為了解決這個問題，當然 O2O 的商業行為十分複雜，行動端購物只是其中的一個環節。O2O 模式下，線上與線下的融合，使消費者可以完成各式各樣的商業行為。而如今方便快捷的 QR Code 掃描等新技術的出現也推動了這一模式的快速發展。

不同的場景之下的商業行為具有多樣性，企業的成功關鍵在於如何掌握自己所經營領域內場景的關鍵要素。這種場景化垂直細分領域的劃分為商家對於自己在市場中的成功定位帶來了巨大的推動作用，各個領域的商家共同發展，在場景化時代共創價值。

場景思維＋家電製造：
以場景思維主導的家電產品研發模式

對網路思維在進行「推銷」的同時，是否分清了軟體和硬體的界限？就像是說一個人在未知領域能否持有謙虛和學習的態度來提高自己的自身素養。對家電廠商普及網路思維的概念，首先自己應對這一概念十分精通，而非一知半解。

網路的高速發展使得使用者的思維越來越活躍，當然對於網路背後的本質也看得越來越透澈。但是從根本來說，網路思維的「販賣者」還是要比使用者精明得多。網路資訊的海量以及碎片式的存在讓剛認為自己對網路適應的使用者立刻變得迷茫。由此我們可以發現，針對使用者做市場除了要關注其需求以外，還需要關注其生活場景。

具體說來就是客戶背後的家庭、環境、社會等因素。這樣空間感十足的生活場景才是商業價值的真正落腳點，因為其對企業端和客戶端的種種材料實現了完全性的包容，為價值的實現提供了巨大的生存和發展空間。

以場景的概念來取代單薄的使用者概念，這應該是企業拓展對使用者理解的新切入點。把硬體由單方推廣，根據不同的生活場景進行個性化訂製，從而對軟體吸納能力做重新的定義。在如今的市場環境下，從以產品和技術為

主導向以使用者為主導進行轉變，這是每個企業都不得不面臨的新挑戰。

場景概念是否是區分「軟硬」的邊界

軟體的社會屬性主要展現在連線情感和關係上。而與之形成對比的是硬體的屬性。首先，硬體具備顯著的物理特徵，其零部件作為物質存在，因此具有一定的使用年限。這樣一來，其疊代空間特徵被限制，社會環境屬性並不能很好地延展到「人」身上，也就很難進行進一步的容納和擴展。

在家電產品的消費歷史上，硬體屬性由於購買具體環境的多樣性不同而呈現出非標準化的特點。比如，對於電視的要求，人們要考慮到畫質、價格，還要考慮自家客廳的面積、距離、收視習慣等。購買一臺冰箱，除了要考慮其製冷效果、使用壽命等因素以外，還要考慮家中人口、飲食習慣等。而對於空調的購買在功能上主要區分在於南北因氣候不同產生的差異。

這種需求的差異都是建立在場景不同的基礎上，其實質在於由人、物和環境三者之間存在的關係在一個特定的場景中形成的價值。在這個場景中，比產品更重要的意義是人、物和環境之間的關係。這些關係包括人與人、物與物、人與物，還有人與環境等。這些連線關係與生活中必要因素──

情感、社交、欲望等 —— 直接相關。從哲學角度來說，意識是產品產生並發揮作用的根本，產品是其影子。從這一概念中我們可以找到硬體走向個性、走向發展的最有效的入口。

以智慧空調為例，軟體為硬體提供驅動，改變了傳統空調由人單向控制的模式，讓空調在某種意義上變成一個有自主性的個體，可以根據周圍環境的變化做自我調節，比如可以根據溫度、人的數量還有場景變化對空氣做出不同的調節。空調智慧化是未來必然的趨勢。

智慧空調的發展理念為整個家電產業帶來場景化的思考，透過對場景細節的分析來準確定位使用者的需求，從而設計產品功能，實現軟硬體有效結合。場景的概念投射到立體空間上，以差異化、視覺化、形象化來對產品研發進行指導。這種方式可以稱之為場景思維。

場景設計的有效方式

利用場景思維進行設計並非單純地讓使用者來決定硬體，而是由研發者以使用者的場景為核心展開產品設計。

那麼，場景的設計造成了關鍵的作用。簡單來說就是以使用者為核心，以體驗為承載基礎。從一些硬體設計的優秀案例來看，場景設計的成功可以透過以下幾種方式進行，如圖 2-7 所示。

圖 2-7 場景設計成功的 3 種方式

1. 使用者自訂

　　這一途徑最典型的意義在於透過使用者自主參與設計，可以擊中使用者需求痛點，明確產品適用對象。這一方式目前已經建立了兩種思維工具：一種是 UCD（User-Centered Design），以使用者為中心的設計；另一種是 PERSONA，即角色模型。

　　研發團隊的專業人士透過深入到每個家庭來設身處地地了解家庭的情況，觀察產品狀況，與使用者溝通，對其使用感受、功能需求、興趣等方面進行全面了解。PERSONA 的作用就是透過一個使用者群進行了解之後做出一個典型的使用者模型，比起真實的個體，這個使用者更具有典型代表性。

2. 客服意見回饋

　　這一途徑是專門針對產品執行中出現的問題的。售後客服人員就像是醫生，對使用者在使用過程中的不滿和煩惱沒有誰比他們更清楚了。對問題的分析和解決可以為維護和提高硬體效能提供寶貴的經驗。

3. 數據分析

對產品從使用到使用後效果的回饋是掌控一個產品具體情況的關鍵，而軟體的應用使得對產品的監控成為可能，這就是智慧化的便捷之處。對消費行為數據的監控使得使用者的使用習慣、使用時間、興趣偏好等躍然紙上。這一系列數據可以幫助產品有針對性地進行工藝改造，提高使用者的體驗滿意度。

這 3 種方式可以幫助企業建立起以使用者為核心的場景，面對更加複雜的消費局面能夠更加全面深入地理解使用者，創新硬體開發思路，提高使用者興趣。

家電發展近 30 年以來，發展重點始終放在硬體的更新換代上。而隨著網路時代的到來，這一重心逐漸向軟體控制下的個性化轉變。硬體由於自身物理性的限制，可變化空間越來越小，而軟體驅動下的個性化得到越來越大的釋放。

場景思維的關鍵：為使用者定義產品

產品與使用者群之間存在特定的關係，並不是為產品尋找使用者，而是為使用者自定義設計產品。為不同的人群設計不同的產品，這也是網路時代下家電發展的新趨勢。但究竟如何能夠準確掌握使用者需求，並能夠以「應用場景」來定義家電產品呢？

在設定場景中，產品的目標使用者被放置在一個豐滿的

故事情景中,透過進行設身處地的角色和情感代入,全面解決與需求、痛點數據有關的問題,具體來說,如圖 2-8 所示,一是找尋有效價值,二是功能強弱區分,三是學會對功能做加減法。

圖 2-8 為使用者定義產品的關鍵

這 3 個問題的解決帶來產品真正消費價值,只有這樣才能使得產品在未來發生真正顛覆性的改變。

場景思維的運用總體來說為使用者需求的模擬到需求的掌握,再到技術實現、產品製造,最後回饋使用者。設定典型場景,對群體到整個市場進行細分化,相信硬體產業復興將不再是夢想。

第三章　場景應用：
場景連接一切，
搶占行動網路時代的超級入口

場景應用的崛起：
未來產品的數位化轉型與使用者行為改變

網路轉型並非只是簡單地把線下的東西拿到線上賣，而是透過某種手段將產品與消費者之間的距離縮短。

網路把現實世界中的大量數據集合到資訊網路中，每個人都可以透過網路平等地獲得資訊。在資訊越來越平等的形勢下，實現消費者與產品、企業的零距離就成為首要任務。正如當使用者已經充分了解自己所需要的產品時，他就不再需要銷售人員的過多的解釋。

在網路還沒有出現的時候，企業和使用者之間由於資訊的不對稱，無法實現零距離接觸。企業作為中心，與使用者之間的溝通主要就是透過廣告對使用者釋出資訊，而使用者一直處於被動接收的狀態。

隨著網路時代的到來，企業與使用者之間發生了翻天覆地的變化，使用者掌握了主動權，企業的相關資訊，使用者到網路上一查便知。在網路時代，使用者由被動變為主動，資訊呈現在網上由使用者挑選。這時，企業就要去掉中間過程，實現使用者與產品之間的零距離對話。

使用者處於不同的生活場景之中，總會根據自己的喜好與需求選出適合自己的專屬電視。某電視品牌就將每個電視

系列的場景應用關聯起來，使用者可以從一款系列場景中跳轉至多款系列場景中，產品場景體驗非常便利，使用者猶如在自己的手機中擁有一個小型的直營體驗店，不論何時何地，都可以在掌間了解到各種創維系列電視的不同，從而選擇出屬於自己的一款。

場景應用將物質世界轉向數位世界，網路為使用者帶來直接便利的產品表達方式，實現了使用者與產品的零距離接觸，使得產品在使用者中迅速傳播。

將傳統廣告的弱連線轉變為關係網中的強連線，這就是社交網路傳播的實質。

將每一個品牌、平臺、傳統企業與使用者建立連線，可能重點並不是把產品盡快地賣出去，而是透過與使用者建立連線，把我的產品推薦給他，讓他了解我的產品。所以，現在產品銷售之前的一個必經之路就是建立產品與使用者、品牌與使用者之間的連線。

在社交研究領域中，弱連線與強連線一直是大家關注的一個話題。那麼，企業與使用者之間到底是怎樣的一種連線？一位科技公司創始人曾經表達過這樣一種觀點：「品牌連線變弱就會導致品牌失去黏著度。品牌需要做的就是努力建立更多真實的弱連線，透過互動將弱連線轉變為強連線。」

事實上，傳統媒體一直在做弱連線的建立。企業利用媒

體對品牌簡單曝光，讓品牌在使用者的心目中留下印象，這種連線方式達到效果的象徵是使用者透過媒體對品牌進行了解之後，對品牌產生認同感，並在需要購買同類產品時會想到你的品牌。很多傳統的廣告形式都是以建立這種弱連線為目的，他們並不以與每個人建立連線為目標，更在乎的是媒體的涵蓋面積和所能觸及的總人數。所以說，傳統行銷的對象不是一個人，而是一群人。

但是，行動網路時代更注重的是精準行銷，使用者注意力轉移成本的降低和可選內容的增多使得弱連線變得毫無意義。這個時代，資訊量的爆炸讓使用者過目即忘，使用者不會因為看過品牌廣告而就成為真實的使用者。

場景應用利用簡單的分享功能，將使用者變為弱連線的同時，其實也將使用者變為了強連線。它是傳統媒體思路的延續，將宣傳面遠遠擴大了，再加上行動網路本身所具有的傳播優勢，它的傳播效率以及涵蓋面積就比傳統媒體大多了。

場景應用的第一步就是將品牌與使用者建立弱連線，之後，再透過報名、線上預約、追蹤官方帳號等方式進一步加強品牌與使用者之間的關係。品牌與使用者之間無須媒介的作用，這樣可以實現雙方的快速連線，提高溝通效率，從而為雙方之間的後續連繫提供更多的機會與途徑。

要想將使用者變為真正的朋友，就要實現品牌與使用者之間的強連線，只有這樣，企業與使用者之間才可以一對一地溝通交流，從而創造更多的機會。使用者願意聽從你、了解你，並真正願意與你分享，也正是這種互動的氣氛，才形成了小米的粉絲經濟。

在產品日益豐富多樣化的當下，更多時候，使用者將產品視為情感連結。基於對傳統產品的理解，我們可以把產品的意義分為 3 層，如圖 3-1 所示。

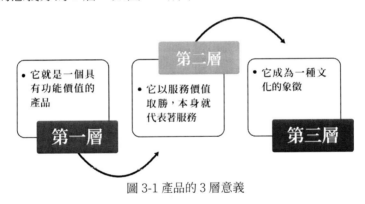

圖 3-1 產品的 3 層意義

第一層：它就是一個僅具有功能價值的產品

這種產品多見於最初的商業形式中，例如，錘子就是一個錘子，手機就是一個可以隨時隨地互相接通電話的電話機，不存在其他的雜念，因此，這種理念也使得像 Nokia 這樣以功能著稱的企業深入人心。

第二層：它以服務價值取勝，本身就代表著服務

這是目前最為廣泛的一種模式，海底撈就是眾所周知的典型案例。人們心甘情願為服務價值超額買單。產品就不僅僅是產品，它背後還蘊藏著完善的服務體系以及帶給使用者極佳的產品體驗。

第三層：它成為一種文化的象徵

產品在日益發展的過程中，它突破本身的屬性，成為一種情感連結並帶給使用者價值觀認同感。在未來，產品所具有的文化象徵將會為使用者提供一個具有共同價值觀的品牌社群。

未來，每個公司都會著力打造具有自己的獨特風格的品類，因此，會有越來越多的品牌以其明確的定位與鮮明的個性吸引消費者。

在這場變革中，場景應用以其小而美的產品特徵扮演著重要的角色。越來越多的企業都在尋求與場景合作的機會，想藉助這種新的訊息連線方式將自己的品牌與產品文化傳播得更快、更遠，從而建構具有新時代特色的品牌社群。

從 APP 場景應用到社群營運：場景應用催生新型商業模式

行動網路時代的到來讓越來越多的使用者感受到 APP 的高效便捷，每個人的手機裡必然會安裝幾款生活類 APP，而這種 APP 得以重生以至改變人們生活方式的主要原因就是場景的興起。場景在我們現實生活中無處不在，藉助 APP 使用者可以更好地享受生活，而企業也可以更好地實現產品營運。

下面就具體分析 APP 重生的原因並闡述一些有關營運的思考。

▌重生原因：場景興起

流量模式貶值，場景時代來臨，電商大廠們為占領市場，爭相為消費者建構符合需求的場景，因此旅遊、教育、餐飲等諸多產業都出現了新的社群形態，使用者們更願意為這些場景化設計買單，由此就催生了全新的經濟模式、產業模式，帶有場景暗示的消費行為或行銷方式將會成為行動網路時代顛覆原有經濟體系的主動力。

APP 是場景的載體。就開發某個 APP 來說，我們真正意義上設計的是「場景」，一個包含內容、社交、遊戲等多方面內容的場景。APP 可以承載場景的垂直細化方案，比如健

身、美容、叫車、攝影、旅行等 APP 正是由於塑造了許多精心設計的「場景」才受到使用者的追捧和喜愛。

場景使 APP 應用更深入人心，當然也呈現出不同於以往傳統 APP 的特點，主要表現在以下兩個方面，如圖 3-2 所示。

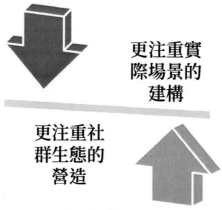

更注重實際場景的建構

更注重社群生態的營造

圖 3-2 場景使 APP 不同於傳統 APP 的兩個方面

1. 更注重實際場景的建構

當前熱門的 APP 無一不是以基於現實生活建構實際場景為特點，已成為網路進一步擴展的展現。這些 APP 從場景化思維入手，根據對使用者現實生活需求的深入挖掘和研究，為其提供具體化的場景。一個精心設計的場景將會比傳統的流量行銷更具威力，能夠直接提升與使用者的黏著度和互動頻率，在使 APP 獲得重生的同時增強使用者信任度。

以場景為設計基礎的 APP 更注重解決某一垂直的現實

問題，為使用者提供多角度場景。一個 APP 就專注於某一場景，比如，Uber 專為叫車設計等等，其提供的都是垂直細化的場景。

為帶給使用者極致的使用體驗，場景 APP 又進行多維度聚合，從時間、空間、興趣等方面進行細化，比如 Uber 會根據時間、地段區分計價等等。

2. 更注重社群生態的營造

現實場景、APP 使用以及場景設計都離不開人，所以基於場景而生的 APP 也更加注重以人為核心的社群生態的營造。

由於網路擴展，以產品為中心的行銷邏輯逐漸轉變為以人為中心的連線邏輯，APP 的設計也更加注重人際關係的建構和社群生態的營造。在這種觀念的影響下，場景即產品、場景即社群成為新的趨勢。

注重社群生態而打造的場景 APP 也展現了共享經濟的內涵。我們將閒置的資源放在場景內共享，由此而形成的具體社群將會產生更大的共享價值，進而回饋 APP 以產生更大的行銷價值。

▎從 APP 到社群營運

實際上，這類 APP 的出現是場景興起的一個反應形式，場景的種類和形式是多樣化的，在生活中不斷被塑造出

來，反映出的形式或者是 APP，或者是其他。場景的本質可以看作產品，一種產品就是一個社群。換句話說，在場景爆發的時代，對產品營運也就是對社群的營運。

社群影響力究竟有多大？它在商業發展中占據什麼樣的地位？

以電腦為應用終端的網路社會裡，社群是以社群的形式存在的，隨著行動網路的發展，使用者從電腦端遷移到了行動端，只要能夠接收訊號，使用者就可以連線網路。在這種情況下形成的社群裡並不一定所有人都是你的朋友，也可能你們之間有共同好友，使用者可以不受地理位置的局限相互連繫。

社群的基礎構成

《鄉民都來了：無組織的組織力量》(*Here Comes Everybody: The Power of Organizing Without Organizations*) 由 克萊·舍基 (Clay Shirky) 編著而成，根據他的觀點，社群的建立有以下 3 個基礎條件，如圖 3-3 所示。

(1) 成員的目標具有一致性，也就是說他們有著相似的興趣愛好，這是一個劃分不同類型使用者的標準，能夠讓具有相同特點的人聚集到一起。

(2) 協同工具能夠快速運轉，以電腦為應用終端的網路時代下建立社群並不是一件容易的事，而社交平臺的出現為使用者提供了很好的協同工具。

(3) 所有成員保持行動的一致性，目標的一致、協同工具的具備讓這一點實現起來並不困難，這也能使成員更加團結。

圖 3-3 社群的基礎構成

一部分使用者彙集到一起後，就想透過這個平臺獲益，商業利益也就由此產生。有很多使用者加入並不是衝著品牌來的，他們認為所謂的品牌只是徒有其表，但是朋友推薦給他們的平臺他們會相信，網路社會的基本組織形態將由推薦和信任組成。

在行動網路時代，每個人都能夠成為傳播主體，那些具有影響力的人或事，很容易透過傳播影響到更多的人。因此，在行動網路社會，態度也能夠帶來收益。

社群營運三要素

社群營運包括媒體性、社交性和產品性三要素，如圖 3-4 所示。

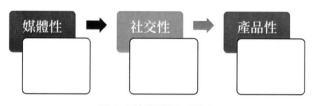

媒體性　　　社交性　　　產品性

圖 3-4 社群營運三要素

1. 媒體性

媒體性是社群營運的首要因素。一個社群之所以可以聚合起來，最主要的是大家對該社群的主題或者是文化有共同的興趣。

主題要具備內容調性，即大家都可以接受的風格，這是打造社群特點的首要因素；其次是主題必須是可以讓使用者持續產生黏著度的優質內容；最後就是社群主題要具備強而有力的傳播效能。這樣經過長期的內容累積，就會儲備足夠的先發制人的勢能。

營運內容是社群營運的首要方面，而這又需要藉助媒體性來更快地觸達使用者，比如現在十分活躍的官方帳號就透過在媒體性方面的努力來增加使用者的黏著度與信任度。我們所說的營運內容一般來源於 PGC（Professionally-produced

Content，專業生產內容）和 UGC（使用者生產內容），前者要求社群營運者根據社群特性來挖掘具備社群調性的專業內容；後者則是鼓勵成員自身產生內容來吸引更多成員的加入，只有兩者並行才能夠產生具備媒體性的成熟內容。

2. 社交性

社群就是為人與人的社交而產生的，所以判斷社群營運是否良好，內部成員是否進行良好互動、成員是否實現充分連線是最重要的指標。

一個社群只關注產品而忽略人的連繫，其成功必然只是曇花一現。當然我們所說的社群是所有基於需求、愛好而連線在一起的群體，Line 群組只是社群的一個組織形式，社群更多地展現為人的多管道互動。

要想實現社群成員的良性互動，首先要分清成員的群體與層次，這樣有助於明確彼此的關聯，分別建構成員感興趣的社群形態。比如有的平臺或產品只針對消費者和平臺本身，有的則關聯第三方服務提供者，這樣明確的區分有助於增強互動性、社交性。

為加強成員的內部互動、建構彼此的關聯，設定包括講評、分享、排名等相關機制也是非常不錯的方式。這樣可以密切社群服務提供者與使用者以及使用者內部的連繫，從而形成良好的社群關係，實現更大的社群價值。

3. 產品性

我們前面提到場景即產品、場景即社群，其實社群本身就是具備產品性的產品，即讓社群觸地的實物產品或行動網路產品，其所承載的不只是具體功能，還有趣味與情感，能夠讓社群的媒體性和社交性展現得更加淋漓盡致。

實物產品是指化妝品、食品、餐廳等承載具體功能的用品或線下場所。實物產品更易於呈現社交性，比如我們可以在實物產品上貼上 QR Code，使用者可以透過掃碼參與即時互動，這樣簡單易行的操作就可以打造禮品經濟；線下場所則可以透過更多的方式來設定場景，實現聯合跨界。

整個社群的營運可以線下直接進行，為社群成員提供更為廣闊的互動空間，比如現在很多餐廳、健身房、美容店就提供了許多與人性化相關的服務，為消費者提供極致使用者體驗的同時也使整個社群呈現出更大的創新空間。

一般虛擬產品的形式多為行動 APP 或者官方帳號，這類產品的出現得益於行動網路的發展。APP 和官方帳號更便於挖掘社群需求，並將場景元素建構到產品中，既增強了社群的社交性，又發掘了在媒體性上大展拳腳的契機，比如透過分享化妝產品的使用日記來與社群成員積極互動，這就將社交性、媒體性以及產品性完美結合在一起。

現實生活的碎片化帶來了場景時代，如今場景即產品、

產品即社群已成為不可阻擋的趨勢。垂直生活類 APP 重生的背後正是社群營運在大顯身手，面對這樣的場景化趨勢，我們所要做的就是調整姿態、擁抱場景以成就更好的自己。

未來的商業核心動力

由上述可知，所有的品牌都應該建構自己的社群。只是我們需要明確的一點是，社群成員並不包括每一個產品使用者。星巴克的粉絲規模達 3,300 萬，與星巴克有關的社群是由那些具有共同綱領的一些使用者聚集而成的，但是並不存在一個包含其所有粉絲的社群。

擴大規模是工業社會中商業發展的主導方向，之前不少企業把可口可樂作為學習的榜樣，因為它的業務擴展到了世界範圍，但規模化擴張不會一直主導商業經濟的方向。

在筆者看來，傳統的工業模式不會持續太久，雖然在今天還有很多企業以傳統方式經營著，但新的商業模式已經帶來了巨大的壓力。同類企業之間的競爭正在慢慢成為過去的競爭方式，跨界競爭正在變得愈加明顯。小米之所以能夠取得如此高的毛利，就是因為它打破了傳統格局，省略了很多中間步驟，藉助網路交易方式減少了通路上的成本消耗，大大提高了企業的收益，很多傳統手機企業也對小米刮目相看。

社群經濟的三要素

企業建立自己的社群需要以下三個方面的要素，如圖 3-5 所示。

1. 極致的產品＋用心的宣傳

企業在建構社群時應怎麼做呢？總結起來就是在高品質產品的基礎上精心策劃行銷方式，產品是前提。

企業建立自己的社群

極致的產品＋用心的宣傳

不玩粉絲經濟，
只挑對的人

社群的價值在於營運

圖 3-5 社群經濟三要素

星巴克之所以能夠發展自己的粉絲社群，是因為他們的咖啡確實吸引人，知名品牌都是在產品基礎上發展而來，否則只能是曇花一現，現實生活中不乏這樣的例子，比如豐田的「煞車失靈危機」。

產品的品質保障和全方位的體驗只是其中一方面，另外還有行銷。有些人總是固守「金子總會發光」的思想，在行銷上處於被動地位，認為這是虛有其表。這種觀念明顯早已過時了，在行動網路不斷普及的今天，不會行銷的企業很快就會被淘汰。

行動網路改變著舊的發展模式，也催生新的經濟模式，「社交紅利時代」正迎面而來。在新的模式下，那些會做行銷的企業才能夠在激烈的競爭中立於不敗之地。「市場即對話」充分展現出當下商業模式的特點，意即企業要知道怎樣行銷。

2. 不玩粉絲經濟，只挑對的人

有些人認為粉絲經濟就等同於社群經濟，這種說法是不正確的。所有企業的發展都離不開粉絲，但需要明確的是，這裡所說的粉絲，就是指某產品或服務的忠實使用者。確實，品牌的發展離不開自己的粉絲，只要是建立起品牌的企業都擁有一定數量的粉絲。所以，不要總是拿粉絲作為藉口。粉絲只是強調了品牌的中心地位而已。

那社群與粉絲的區別又在哪裡呢？簡單地說，社群成員與品牌的關係要比粉絲更近一步，如同朋友一樣。要採用社群的方式才能獲得更長遠的發展。

在行動網路時代，很多大組織都岌岌可危，作為其組成部分的個人來講，應該透過什麼方式來為組織做出貢獻並實現自

己的價值呢？正確的做法是充分整合組織中的資源條件，抓住市場的核心需求，爭取一戰成名，實現個人和組織的雙豐收。

3. 社群的價值在於營運

當下的社會各種因素錯綜複雜，刻苦、誠實、機會、連線等如果能夠搭配得當，就可能在某個領域取得一定的成就，除此之外，並沒有統一的標準來衡量一個人的得失。

因此，那些重複創業的人可能更容易找到適合自己的發展之路，原因是他不斷經歷的過程中在某些方面已經安定下來，下面三點是筆者總結的經驗。

找到合適的切入點，改變傳統的思維方式。有很多企業想要轉變傳統的經營模式，筆者認為，最重要的是要找到切入點，可以精確到特定的人格，也就是說，要從自身入手去謀求發展，打造個人影響力。隨著不斷的發展和累積，無論是個人抑或官方帳號都會逐漸顯現出它的價值導向，使用者會因為一致的觀點彙集起來。

連線也是很重要的，某個藉助網路平臺的企業能否在連線方面進展順利是其能否取得長遠發展的關鍵，可以說，得連線者得天下。典型的成功案例是 Google Glass，它能夠使人時刻保持溝通。

最後一點是社群。營運是社群的價值所在，社群的建立者既要擁有聚集人才的能力，也要確立社群形成之後下一步

需要做什麼，他需要有自己的規劃，引導社群成員朝著一致的目標去努力和行動，否則，沒有綱領性的指導，即使聚集起一批人，也只能是毫無作為的一盤散沙。

神奇的 QR Code：
行動場景模式下，QR Code 的 16 種商業應用

　　QR Code 的出現豐富了商業活動，尤其是在日韓國家，已經成為應用十分廣泛的編碼技術，普及率達 96% 以上。作為編碼技術，QR Code 比條碼包含更加豐富的訊息。

　　亞洲 QR Code 技術早在 2006 年就開始應用到商業中，但當時智慧型手機尚未普及，所以首期 QR Code 的產業並未真正形成。一直到 2012 年，QR Code 商業應用進入真正發展的時代，目前，每月 QR Code 掃描數量超過 1.6 億次，行動營運商和 IT 大廠們已經在這一領域占據了搶先位置。

　　QR Code 的應用十分廣泛，那麼具體分為哪幾個方面呢？

　　從應用上來說，QR Code 分為主掃和被掃。主掃用於辨識手機等載體上面的 QR Code，主要用途在於防偽辨識、執法檢查等。被掃類的應用是指以手機等儲存 QR Code 作為電子交易的憑證，電子商務消費、打折等都可以憑藉此來實現。主掃一般作用於手機，手機是行動網路最主要的載體，因此意義十分重大。接下來，我們透過舉例來了解一下 QR Code 的 商業應用。

掃碼網路購物，方便快捷

現在國外很多大城市的地鐵站裡都有 QR Code 商品牆，人們在等地鐵的過程中可以逛逛超市，看到心儀的商品直接掃碼就可以手機支付。

如果人們在家中發現米、麵、油、鹽等用完了，自己又不想出門，只要對商品上的 QR Code 進行掃描，就可以馬上查詢到商品的銷售點以及促銷等資訊。不僅如此，QR Code 好像是產品的身分證，透過掃碼查詢到產品的資訊，從某種程度上也保障了購物的安全。

在未來 QR Code 商業應用的發展中將逐漸打通線上和線下，逐步把線下實體店變為網購體驗店。而為了實現針對顧客進行布局的理念，體驗店應多布局於住宅區、地鐵站、公車站等流量密集區，而非商業中心。

獲取打折消息，消費實惠

業內最常用的一種宣傳形式便是憑藉 QR Code 的訊息可以獲得消費的折扣。例如商家把電子優惠券等發送到顧客的手機上，顧客在購物時只需出示消費券並透過商家終端的辨識，就能夠獲得一定折扣。這也是商家進行促銷和回饋消費者的一種手段。

利用 QR Code 付款，省時省力

幾家支付公司都推出了 QR Code 收款的功能。消費者開啟手機客戶端，拍下 QR Code 進行掃描，就可以立即跳轉到付款頁面進行付款。付款完成後，收款人會收到相關簡訊以及客戶端的通知。這樣的付款方式省去了許多繁瑣過程，而且準確易操作，省時省力。

在星巴克，顧客可以把自己的常用支付卡與手機客戶端連結，掃碼可完成快捷支付，不必再花費時間排隊等待。

實現跨媒介閱讀，延伸性強

在傳統的閱讀方式上，報紙、雜誌、電視等其他媒介各自獨立，由於各種媒介具有不同的特質，因此閱讀是靜態的，無法實現延伸性閱讀。而此後 QR Code 的出現打破了這一界限，跨媒體閱讀由此得以實現。

舉例來說，在報紙上刊登了一則新聞，讀者在閱讀完畢之後還想獲取更多關於這則新聞的資訊，便可以掃描旁邊的 QR Code，相關採訪、影片等都可以獲得。

除此之外，QR Code 也為廣告閱讀的跨界傳播提供了便利，宣傳單上可以附上 QR Code，客戶可透過掃碼了解更為豐富和詳細的內容，甚至可以與客服人員乃至廣告商進行直接的互動。

┃參與監督管理生產，保障品質

在產品製造過程中 QR Code 的應用也十分普遍。小小的 QR Code 可以儲存大量的資訊，因此在產品製造過程中得到了更為深入的應用。

以汽車製造為例，在製造過程中，汽車的零件上可以用雷射打標機、噴印、蝕刻等方式直接標刻 QR Code，這就是我們通常所說的 DPM QR Code。

在美國汽車產業，這種技術已經運用十分成熟，為此美國 AIAG（Automotive Industry Action Group，美國汽車製造業協會）還制定了相關方面的標準，針對發動機的連桿、凸輪軸、曲軸、鋼蓋等，還有變速箱的閥體、閥座、閥蓋，以及離合器的主要零部件加上電子點火器等。一系列標準和 QR Code 的標識使得產品零件的品質都能夠追根溯源。

同時，由於對生產過程中的加工裝置進行了全程追蹤，其原有的生產線變為柔性生產線，增加了產品的品種種類，而且這一舉措為整個製造執行系統的管理提供了完整的數據理論依據。

┃追溯食品生產根源，保障安全

食品安全是人們日益關注的焦點問題，而很多人認為追溯食品安全實行起來較為麻煩。如今，把食品生產以及物流

相關資訊載入 QR Code 當中，對食品追根溯源變得十分便利。消費者只需簡單地拿起手機對著食品包裝上的 QR Code 進行掃描，從生產到最後運送的資訊便一目了然。

某集團對肉類蔬菜進行 QR Code 追蹤的系統已經建立起來並開始使用，民眾透過對 QR Code 的掃描就可以了解到肉類蔬菜的生產實踐、流透過程、食品安全等問題，從而對其能否進行安全食用做出判斷。

管理交通參與者，加強監控

QR Code 在交通管理中也發揮著不小作用，對交通參與者的駕照、行車保險等都可以進行查看和監管。

比如，在行照中加入 QR Code，載入關於車型、引擎號碼、顏色等一切車輛資訊。警察在盤查車輛資訊時就不需要再呼叫總部利用其資料庫遠端查詢資訊，直接掃描 QR Code 就能獲得車輛資訊。而且以 QR Code 作為車輛資訊儲存載體，還可以連線全國網路建立起全國車輛管理網。

查詢管理個人資訊，防止盜用

如今，在日本、韓國等地，個人資訊名片中普遍都嵌入了 QR Code。傳統習慣於採用紙質名片，不但不方便攜帶，而且儲存空間不足，資訊展示不全面。而在名片中加

上 QR Code 之後，客戶收到名片便可以掃描 QR Code，名片上的名字、連繫方式、相關網址等資訊就都能儲存到手機中，可與行動網路立刻相連，直接撥打電話或者發送電子郵件都可以實現。

目前，一些大公司都已經開始採用 QR Code 名片，相信這種技術的應用能夠為個人資訊的傳遞帶來便利。不僅如此，該技術還可應用於駕照、護照、身分證等個人證件中，不但幫助人們在出遊或者其他用途中獲取便利，而且有利於訊息查證，防止個人資訊被盜用。

幫助會議進行簽到，簡潔高效

會議簽到是很多會議所必需的一個流程，而對於很多大型會議來說，前來參加會議的賓客眾多，簽到過程十分繁瑣，耗時太長，而且容易亂中出錯，使很多原本不在名單上的人混入其中。

如果使用 QR Code 簽到的方式，主辦單位以電子邀請函、電子券等方式向會議參加者發出邀請，來賓前來簽到時只需出示電子郵件，簡單幾秒鐘進行掃描認證後便可以完成簽到。整個會議簽到的過程精確度高，真正做到無紙化辦公，有利於環保並且省去了傳統簽到表、認證等一系列繁瑣的過程，簡潔高效。

參與執法部門執法，反應迅速

QR Code 參與到執法部門的執法過程中，能夠幫助執法者及時獲取對象資訊，並透過行動終端進行及時記錄。

2014 年，有國外租屋公司推出了「出租房屋智慧型手機巡查系統」。管理員上門進行檢查可以對門牌上的 QR Code 進行直接掃描讀取，立時可以獲取關於門戶的相關資訊。

那麼，如果在商品等其他被檢查物品上加印 QR Code，政府執法人員在檢查過程中便可以透過執法專用的終端進行資訊讀取，不但可以及時記錄檢查物品的資訊，對違反物品進行及時處理，而且可以有效保障訊息傳輸的安全。這樣一來不僅極大地提高了政府管理部門的執法辦事效率，而且對於市場秩序的規範、提高執法部門的反應速度等都有著很大作用。

搖身變隱形防偽，拒絕複製

在 1990 年代，通常採用商品雷射打標防偽的方式。而發展至今，這種方式由於極其普遍而無法為商品提供獨特的防偽標識。隨著印刷技術不斷發展，隱形 QR Code 隨之誕生。部分重要物品加印隱形 QR Code 來作為自己獨特的防偽標識。

在美國，科學研究人員試圖在銀行票據、塑膠片、玻璃等產品上加入隱形編碼。其隱形的意義在於無法透過肉眼進

行辨識，必須透過紅外線進行掃描才能驗證。這一技術的生產過程很複雜，一般的造假者無法對其進行複製。

目前，加印此類 QR Code 的產品需要商家同時提供紅外線雷射掃描器，然後客戶可以透過智慧型手機進行掃描驗證。這項技術不但可以用於普通商品上，還可以推而廣之用到商業、政治、軍事等情報機密材料的加密上。

涉足高階產品行銷，打擊山寨

隨著科技的發展，再加上商品種類繁多，許多山寨產品也打著「品牌」的旗號利用仿造技術趁虛而入。而 QR Code 可有效辨明產品真偽。

紐西蘭南極星葡萄酒是世界著名葡萄酒品牌之一，其 QR Code 技術的應用在葡萄酒業掀起了一陣技術的新高潮。產品背部標有 QR Code，透過掃描可獲取葡萄酒產地、葡萄品種、生產年分、含有酒精度數等諸多資訊。消費者在購買過程中不但能透過掃碼實現與品牌的良性互動，而且能夠辨識真偽，防止買到山寨產品。

提供客戶點餐服務，個性便利

在 QR Code 的時代，客戶能夠享受到更加人性化、個性化的點餐服務，尤其是對於時常光顧餐飲店的老顧客來說更是如此。

　　顧客在餐飲店掃描餐桌上的 QR Code 便可獲得菜品以及相關折扣訊息，按照自己喜好進行點單，不必再等待店員或者自己去前臺，點單訊息直接傳送到櫃臺，系統自動計算金額，付款之後只需等待便可。消費完畢還可以立刻透過網路進行評價，還可獲取積分。

成為公車行動地圖，查詢方便

　　QR Code 技術在大眾運輸領域的應用為出遊者提供了極大的方便，國外一家公車公司在 2010 年推出的官方 QR Code 出遊查詢系統。

　　該系統在公車站和公共腳踏車站提供查詢點，使用者掃描之後可得到一張所在區域的地圖，包括周邊乘車、餐飲、遊玩等各種訊息。還可查詢距離最近的公車還有幾站，方便快捷。

串聯醫院就診流程，提高效率

　　患者在醫院就診往往對相當長的排隊掛號、候診相當頭痛。而透過 QR Code，患者可以使用手機終端預約掛號，從而減少排隊就診的時間。同時利用 QR Code 可以實現付款取藥一條龍，避免重複排隊。目前國外已經有不少大醫院採取了 QR Code，這已經是一大進步，就醫問診的效率大大提高。

對旅遊服務進行監督，提高服務品質

旅遊團宰客現象屢禁不止，降低了旅遊業聲譽。國外旅遊部門為了解決這一問題，把目光投向 QR Code。透過在旅遊營運車輛中增加彩色 QR Code，遊客掃碼後便可獲取車輛資訊，對於其營運資質、信譽、有無違規現象等都可以了解。

除了上述的應用方式之外，QR Code 的應用還有很多，如 QR Code 婚柬，親朋好友收到 QR Code 掃描檢視訊息並確認是否出席。此外還有 QR Code 導覽、QR Code 停車地圖等。

使用者眼中的場景：網站設計中如何滿足使用者的場景需求

當下，場景行銷這個概念被越來越多地涉及，可是「場景」這個詞究竟該如何去理解呢？場景可以用來描述一個使用者登入某網站的原因、希望實現的事情或者說是登入該網站想要達到的理想效果等。可以透過場景向第三方敘述使用者某某登入網站的目的是什麼或者在什麼情況下來到這裡的。

一個網站在設計使用者介面時需要考慮到場景，在評估

某產品或服務的可用性和市場銷售狀況時也需要從場景的角度出發去考慮。

在描述一個場景時，需要涵蓋哪些方面呢？

場景敘述應具有簡潔的特徵，另外，場景應包含以下幾個方面。

(1) 登入網站的使用者。透過這一點可以看出該網站的使用者群及其相關特徵。

(2) 使用者登入該網站的原因。從這一點可以總結出使用者到網站的目的和想達到的效果。

(3) 使用者的目標。從這方面可以總結出使用者想要透過該網站實現的目標，這樣就能明確網站應怎樣做才能滿足使用者的需求，從而進行自身的完善。

除了以上三個方面，有的場景敘述也涵蓋以下資訊。

使用者採取什麼樣的方式在網站達到自己的目的？歸納出使用者登入網站後採取的措施，明確使用者實現目標時會經歷什麼樣的具體環節以及網站在哪些方面還需要加以完善。

場景的類型

場景的類型包括 3 個方面，如圖 3-7 所示。

- 為實現使用者目標而產生的場景
- 這種類型的場景只要明確使用者的目標即可

類型 1

- 精細化的場景
- 這種類型的場景會涵蓋使用者的操作過程等資訊

類型 2

- 全面的場景描述
- 這種類型的場景既包含使用者的特徵，也包括使用者實現目標的過程

類型 3

圖 3-7 場景的 3 種類型

1. 類型 1：為實現使用者目標而產生的場景

這種類型的場景只要明確使用者的目標即可，不需要涵蓋使用者是怎樣實現目標的。網站策劃者在選擇網站內容和進行結構組織時需要充分考慮到這種場景。

評估使用者的可用性就會用到這種類型的場景，測試員會為受測者設定一個目標，受測者會想辦法透過網站提供的內容來完成這個目標，測試員會記錄下操作過程。

例 1：現在有很多孩子都挑食，有的孩子不願意吃蔬菜，家長想知道孩子會不會因為不吃某種蔬菜導致身體缺乏所需元素。

例 2：某使用者想要在即將來臨的假期到國外旅遊，他想知道透過什麼樣的方式能夠既省錢又能享受旅遊的樂趣。

2. 類型 2：精細化的場景

這種類型的場景會涵蓋使用者的操作過程等訊息。網站營運者透過這些資訊可以總結出使用者所具有的特點，並明確這些特點與他們操作過程的關係。掌握了這些方面，營運者就能對網站內容及操作過程做一些適當的調整，來滿足使用者需求。

3. 類型 3：全面的場景描述

這種類型的場景既包含使用者的特徵，也包括使用者實現目標的過程。透過場景能夠看出使用者在實現目標的過程中經歷了哪些流程，也能呈現出網站經營者在策劃過程中為使用者設計的操作流程。該場景與前例有很多相似之處，不過它是從使用者的立場出發去考慮問題的，從中可以看出使用者登入網站後究竟是經過什麼樣的操作步驟來達到目的的。

▌在網站設計中運用場景

我們不可能做到描述出每個使用者使用某網站的場景，不過，在策劃網站的過程中，可以由策劃者進行預測並給出 20 個左右的使用者登入網站的原因和使用者想要在網站操作中實現的目標。

另外，還可以把使用者和場景結合起來進行分析，找出

某一使用者族群是出於什麼動機登入網站，想要在網站達到什麼目的，這樣可以對使用者進行分類和歸納。

可以用以下描述方式來表達使用者和場景的關係：某類使用者登入該網站的原因是什麼？這些使用者具有哪些共同點？使用者想在網站進行哪些操作？他們的共同點會對他們的操作有影響嗎？

所以，設計網站時除了要考慮網站的結構和內容之外，還應該重點考慮使用者的背景訊息和他們有什麼樣的需求，並且要根據使用者的需求去設計網站結構和組織內容。

▌在可用性測試中使用任務場景

測試員在評估網站的可用性時會給使用者提供場景，一般情況下所提供的場景不超過 12 個，同時，測試員也可以分析使用者本身的場景，了解他們是在什麼因素的驅使下登入網站以及想要達到的目的等等。

在進行測試的時候，不應該由測試方告知使用者怎樣操作才能實現預定目標，而是要由使用者自己進行操作，測試員進行記錄並能夠從中看出他們的網站能否像預想的那樣可以滿足使用者的某些場景需求。

也就是說，測試方只需提供給使用者他們設定的場景，接下來由使用者自己去完成。測試的目的就在於透過分析使

用者的操作過程來分析他們的網站到底能否實現預定目標，以及是否方便使用者使用。

為了達到測試的目的，在使用者接受測試之前，先要由設計者描述出根據他自己的設想，使用者會怎樣進行操作來實現特定的目標，這樣也可以和使用者的實際操作過程進行對照分析。根據最終記錄的測試結果來分析使用者的實際操作是否達到了預期的效果，這樣就能對網站的結構和導航效果做出評判。

應用 VS 需求：
產品設計中如何描述完整的需求場景

在未進一步開發行動端時就有分析者表示，消費者一定會沉醉於從電腦上轉移過來的種種應用，因為多數消費者都熱衷於電腦上的這些功能。其實這種想法並不一定正確。手機和 iPad 是現階段行動行銷主要的開發對象，下面來分析一下它們的場景需求。

首先，需要清楚這兩者在應用中的不足之處：電池維持時間短、螢幕有限、網速較慢、使用者持續使用的時間短。但是，從另一個方面來看，電腦的螢幕很大，上面的分享標誌卻不是特別明顯，有很多人注意不到，如果換作手機，分

享標誌就會顯得比較突出，多數人一眼就能看到，所以手機使用者更傾向於分享自己瀏覽的訊息。

一般來說，手機上的分享標誌位於螢幕的右上角，而在電腦螢幕上的那個位置，是關閉按鈕。

「場景需求」中的場景可以分為以下幾個方面：裝置距離場景、裝置自身場景和環境自身場景，如圖 3-8 所示。

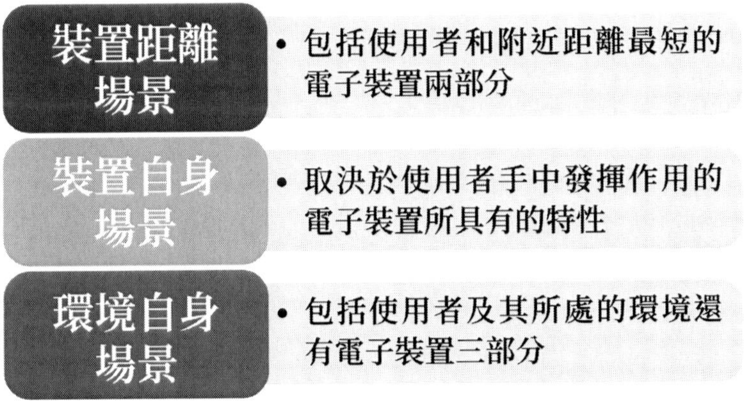

裝置距離場景	• 包括使用者和附近距離最短的電子裝置兩部分
裝置自身場景	• 取決於使用者手中發揮作用的電子裝置所具有的特性
環境自身場景	• 包括使用者及其所處的環境還有電子裝置三部分

圖 3-8 「場景需求」中場景的含義

1. 裝置距離場景：該場景包括使用者和附近距離最短的電子裝置兩部分

如果使用者不在電腦前，那麼距離他最短的電子裝置通常都是手機，這時使用者與手機就形成裝置距離場景，他們希望不用到遠處去尋找電腦就能完成所需操作，手機終端的研發者就要尋找使用者在該場景中會產生什麼訴求。

2. 裝置自身場景：該場景取決於使用者手中發揮作用的電子裝置所具有的特性

有可能使用者正在使用的裝置螢幕比較小，也有可能該裝置的電力維持不了多久，或者多數使用者不會選擇透過這個裝置來完成使用者正在實現的目標。

例如，許多在電腦上可以完成的任務現在已經可以在智慧型手機和 iPad 上完成了，但是由於行動終端與電腦具有不同的特性，如果要將其應用轉移到行動終端上，就要根據手機和 iPad 的特點做一些調整，這樣才能獲得使用者的青睞。

3. 環境自身場景：該場景包括使用者及其所處的環境還有電子裝置三部分

舉個例子，國外很多高速鐵路的座椅上都貼上了商家用來宣傳的 QR Code，但是通常高鐵上的手機訊號非常不穩定，這時就算使用者有心去關注一下商家的廣告宣傳，也無法達成所願。乘坐公車的使用者有時會遇上塞車的狀況，或者窗外正下著傾盆大雨，這些環境因素都會影響到使用者，這也是策劃者在制定行銷發展策略時不能忽視的。

▍產品的應用場景需求

所有的應用程式都會在使用者開啟時自動搜尋使用者是否連網，不過多數程式在發現使用者沒有連網後只會提醒一

下，而不會引導使用者選擇其他適合的程式。確實，當沒有網路連線時，多數功能都無法正常運轉，但是像一些的影音應用程式可以進行影片的下載，使用者可以提前把自己想看的影片存起來，之後即使沒有網路也可以觀看，

筆者曾對使用者觀看離線影片的情況做過調查，結果顯示，多數使用者在選擇看離線影片時並未將網路關閉，也就是說多數使用者是連網觀看離線影片的。如果某使用者傾向於在看離線影片時斷開網路連線，那麼使用者在開啟影片程式時需要點選「離線快取」這個按鈕。

還有一個例子是使用者想透過 QR Code 來下載一款的應用程式時，系統不會跳轉到下載頁面，出現的是一則提示，讓使用者選擇用瀏覽器開啟，這其中有什麼原因呢？

要解釋其中的原因，先要弄清楚使用者是透過什麼掃描軟體來辨識 QR Code 的，根據筆者統計的結果，八成以上的使用者，選擇的是 Line 的掃描功能。這個功能確實有很多優點，現在，讓我們來分析一下它有哪些不足。

如果使用者當前使用的系統是蘋果 iOS，那麼在透過 Line 掃描來下載應用程式時，系統可以正常運轉，如果使用者的手機安裝的是安卓系統就不那麼順利了。所以，若使用者辨識 QR Code 後下載頁面沒有出現，系統可以引導使用者在瀏覽器中開啟，這種情況就可以及時避免。

　　我們可以從以上的案例分析中比較形象地來理解什麼是「使用者使用場景需求」，這兩個案例也很好地避免了在應用場景需求中發生問題。

　　應用場景需求是什麼呢？其實它指的是在不同的應用場景下以不同的方式來滿足使用者的需求。

　　在某產品由概念層面向圖形化階段的過渡時需要制定一個 PRD 文件（Product Requirement Document，即產品需求文件），這個文件會把 MRD 文件（Market Requirement Document，市場需求文件）裡的訊息轉換成一系列的指數，更加具有技術性特點。因此，可以把產品需求文件中包含的需求劃分成應用場景需求和功能性需求兩種，至於後者，在相關書籍、雜誌及經濟類網站中很容易就能找到專業的解釋，下面重點分析一下前者。

　　事實上，當策劃者制定產品需求文件時，他們在功能需求那一部分會提到有關場景需求的內容，不過它被包含在其中所以不是那麼明顯，現在把它拿出來進行單獨的分析。

　　行動網路裝置方便隨時攜帶，所以其使用場景會隨環境的改變而有所不同，使用者可能在很多場合或環境中應用某種裝置，為了讓使用者享受到滿意的服務，根據使用者所處的使用場景調節產品的狀態和呈現方式，使其滿足使用者的需求。

　　以下 3 個方面是產品經理在考慮應用場景需求時不能忽視的，如圖 3-11 所示。

圖 3-11 考慮應用場景需求時不能忽視的 3 個方面

1. 網路訊號

與之前的有線上網方式不同，現在的行動網路裝置是無線上網。而在現實生活中，有很多因素會影響網路訊號，比如使用者是否進行了網路連線、訊號是否穩定以及網路數據在傳送過程中是否遇到技術方面的阻礙等。

2. 周邊環境

使用者可以把行動裝置帶到很多地方，這使得應用裝置的周邊環境變化多端，光線條件及聲音條件也會有所不同。

3. 使用者習慣

有一些使用者已經習慣了某些特定裝置的使用方式，這會使使用者不能在短時間內掌握該產品的操作方法。對此，讀者可以結合上文分析過的案例來理解。

除了以上相對客觀的因素外，還有很多基於使用者的主

觀因素，比如使用者情緒等，由於主觀因素，具有較強的個體性，因此這裡暫時將其劃分在使用者習慣上。

把應用場景從功能需求中分離出來，能夠讓經營者聚焦於產品的使用者體驗環節，可以透過調整某個細節來提高使用者體驗，讓使用者對自己的產品更加滿意。

有一些人會對產品經理這個職位產生疑問，他們不明白產品經理究竟扮演著怎樣的角色。筆者認為，產品經理就是要從使用者的立場去考慮問題，當他們去體驗使用者的場景時，就能了解使用者所想所思，就能更加明確應設計怎樣的產品、做出怎樣的完善。像這樣推出的產品，一定能獲得消費者青睞。

在產品設計過程中描述一個完整的需求場景

需求場景能更加形象地表現出使用者的訴求，一個完整的需求場景涵蓋以下這些因素。

在何時（when）、何地（where）、環境中有哪些因素（with what）使身處其中的具有某種特性的使用者（who）想去做成一些事（desire），他們採取什麼方式（method）來實現所需。

1. 需求場景的意義

產品策劃或者產品經理會在進行軟體開發之前制定出功

能列表作為參考，通常該表按照程式主導的方式來進行描述，舉個例子，有的功能列表是以價格高低為排序標準將商品羅列出來的。

用這種方法來描述的不足之處在於：

功能列表參照的不是使用者的需求，而是競爭者的相關產品特性；

產品的設計者或者開發者無法透過該表了解這種功能怎樣去滿足使用者的需求，不明確它的價值所在，不知道它會怎樣改變我們的生活。

但是用需求場景來表達，就不會出現如上的問題：

產品策劃或經理是從使用者需求的角度來進行描述的；

產品的設計者能夠掌握需求場景中包含的相關訊息，比如使用者是否會經常產生這種需求，他們可能借助哪些條件來滿足自身的需求等；

清楚地表達出了該功能的價值所在，便於合作者發表自己的見解。

2. 評估某個需求場景是否有價值

如果使用者產生了特定的訴求，他會採取不同的措施來實現自己的目標。若當前所處的環境裡沒有可以達到理想效果的辦法，使用者也會想方設法地來替代那個最理想的辦法。

　　但是絞盡腦汁都無可奈何時，使用者只有不甘心地放棄。若是在長時間內找不到可以採取的措施，使用者會失去希望，不想再去嘗試。如果在這時提供給使用者能夠達到目標的方法，使用者在嘗試後如其所願，就會愛不忍釋。

　　可以用下面兩個標準衡量需求場景是否有價值：

　　獲知使用者是否已經找到了最理想的解決辦法，還是只是勉強可以用；

　　在盡可能控制消耗的基礎上找到問題的解決方式，讓使用者嘗試，並統計回饋意見。

3. 需求場景包含的要素及各要素的必要性

　　需求場景中包含的要素有 3 個方面，即使用者、需求和方法，如圖 3-12 所示，這些要素表達出使用者在什麼樣的環境下產生了特定的需求。可以找出是什麼因素導致了需求的產生以及當時周圍的環境。

圖 3-12 需求場景包含的 3 要素

舉個例子，在等車時，候車室裡，使用者發現手機快要沒電了，就會產生充電的需求。

可以看出，讓使用者產生充電需求的是手機顯示電量低。他身處的環境是候車室，雖然他有充電器，但是候車室裡並沒有可以充電的地方。

使用者（who）

應該明確具有哪些特性的使用者會產生這樣的需求，這種使用者可能採取什麼措施或者他具備什麼條件可能使他滿足需求。比如，對多數飛機乘客來說，他們在一段航程結束後會透過手機來連繫家人、朋友或者約定好來接他的人。由於這些人的收入通常比較高，他們會隨身攜帶信用卡或錢。

需求（desire）

在這裡需要明確的是，通常在使用者的某個需求後面還潛在著其他的需求，而所謂的解決辦法只針對前者。

例如使用者想為手機充電。其潛在的需求包括連繫親戚朋友、瀏覽新聞、查詢地理位置、搜尋入住的酒店等。而為手機充電是使用者在當時的環境中自己認為應該採取的措施。

如果逐步進行更深入的了解會使經營者更加明確使用者

的訴求。這樣的話，如果無論如何都不能解決使用者的某種需求，那麼可以嘗試滿足使用者潛在的其他需求。例如，如果在候車室無法充電，可以在裡面安裝大螢幕播放新聞、供使用者刷卡使用的電話、地圖銷售點等。

方法（method）

　　這裡的方法指的是當前使用者可以採取的措施。透過描述當前的措施能夠分析出是哪一個商家正在與自己競爭。不一定非要是在一個領域的經營商，如果對方的目標需求與自己一致，就能構成競爭關係。

　　舉個例子，對查詢地理位置這個需求來說，智慧地圖的競爭者可以是紙本地圖，也可以說是想招攬生意的導遊。獲知了競爭者的訊息之後，能夠更加清楚針對該使用者需求的產品研發是否有必要，與對手相比自己有什麼獨特之處，能否勝過對方。

　　也就是說，從需求場景來獲知並掌握使用者需求，能夠研發出來的產品更能滿足需要。

第四章　場景 O2O：
建構『碎片化＋場景化＋個性化』
的新型商業模式

場景 O2O 模式的核心本質：
碎片化場景時代下的新商業力量

「場景」原本是在影視領域經常出現和被用到的概念，是指在某個特定的時間和空間裡而發生的一種行為，或者說是人物活動的一種場合與環境。從電影層面上來理解的話，場景具有重要的意義，正是因為這些豐富多樣的場景，才構成了一個個完整的故事，從而為觀眾提供了一場浩大的視覺盛宴。

行動網路時代的到來，打破了以超文字連結為核心的 Link 模式，造成了流量的碎片化，而在行動流量主導的新時代，場景便成了其核心的特徵。

▎產品即場景

行動網路的深入滲透使得行動端的手機不再是一種個人的計算中心，而成為人們社交生活中的重要組成部分，為人們提供了一種新的社交方式。

不斷更新的手機應用程式為使用者創造了更加豐富獨特的應用場景，其中不乏多元化組合的出現，讓人們開始意識到新的場景正在被選擇和重新定義，未來不管在什麼樣的生活和工作場景中都可能會出現這些 APP 的影子。

而場景的出現也被人們認為是虛擬世界與現實世界交會

融合的核心，在網路群體中扮演著重要的角色。而隨著線下場景的不斷豐富和改善，這些 APP 的功能也開始不斷豐富，美圖秀秀等成為基礎性的動作和功能，美食拍照和分享成為在就餐前的重要準備，POSE 造型要比行動本身更重要。

在行動流量帶來的場景化趨勢中，每一個 APP 在清晰定位的基礎上都吸引了大量的使用者，共同集結在一起分享應用場景。

產品是一種場景的解決方案，比如咖啡，在不同的應用場景中，咖啡就可以產生各種不同的種類或者產品，咖啡與商務場景的融合造就了星巴克；咖啡與休閒場景的融合成就了 85 度 C。咖啡應用在讀書場景，就變成了路易莎，創造了字裡行間的浪漫；咖啡應用在思維場景中，就變成了天馬行空中的一絲沈靜。

抓住使用者實際生活的場景，為他們提供可能需要的產品或服務，可能為自己的產品或品牌帶來無窮的能量。這些場景也可以被廣泛地推廣開來。

這些細分化人群的生活方式以及場景的融合造就了紛繁多樣的現象和產品，同時也吸引了更多的群體加入到場景應用中來，讓他們心甘情願地掏腰包。這對傳統電商來說是一個劇烈的衝擊。傳統電商在價格方面的優勢在競爭中逐漸減弱，方便、快捷已經成為人們在網購中首要考慮的因素。這也與新一代消費族群消費觀念的變化有著密切的連繫。

分享即獲取

場景時代的到來，也為整個商業社會帶來了深刻的變革，對企業來說原本獲取客戶的管道已經很難發揮效用。在網路時代追求和強調的是分享思維，在網路所營造的分享氛圍中，對資源進行越有效的利用，資源的價值就越高。從某種程度上來講，對資源的分享就是一種獲取。

Airbnb 的快速發展以及市場估值的不斷攀升，同樣也是因為分享，房屋的主人將自己空間的房間分享給有需要的人，在滿足他人住房需求的同時獲得一部分的額外收入。

使用者透過分享，可以有效提升自己社交關係鏈的價值。對企業來說，使用者的分享可以幫助其透過一種更便捷、成本更低的方式獲得一批新使用者，同時使用者也可以與企業建立一種更親密的連繫，產品也會獲得更高的關注，得到更多人的青睞。

因此個人就成了分享的最大主體，而人也變成了一種新管道，是企業獲得新使用者以及個人獲取影響力的管道。不管這些個體承擔的是分發者、傳播者還是行銷者的角色，都沒有關係，只要有信任和魅力人格做支撐，這些個體就能發揮其管道的價值和效用。

在真實場景中的分享獲得了一種信任溢價，這種信任溢價引導了更多的朋友去關注和使用分享的產品。因為朋友的

推薦和分享往往是建立在「產品好」的基礎上的，因此就大大降低了產品的使用門檻，讓更多的人開始接近並嘗試這一產品，這也就使得每一個分享的使用者在分享之前首先要思考這個產品值不值得，能不能真正為朋友帶來好處。

隨著在行銷成功學中的廣泛應用，整個商業領域掀起了新一輪的造富運動，同時在這場造富運動中也出現了各式各樣的問題。如果用發展的眼光來看待這場運動的話，由於人在其中發揮了重要的作用，因此回歸到人的邏輯，就是社交工具以及行動應用的不斷普及和完善，使得各式各樣的連線機會被充分挖掘和利用，從而極大降低了橫向的合作成本。

在社交工具的影響下，管道被重組和重新定義，分享成為場景紅利時代的中心，並始終貫穿於整個場景發展中。

跨界即連線

六度空間理論同樣也可以應用在場景電商框架中，兩個陌生的企業，在經過商務拓展之後就可以找到彼此的互補點，並透過聯合形成更加完善的品牌鏈。這就是所謂的跨界即連線。品牌間的跨界聯合，伴隨而來的就是使用者群體的變動，原本互不相干的兩個群體，而現在卻因為品牌的跨界融合聚集在一起，打破了彼此之間的品牌界限，並構成了新的使用者群體。

　　網路的發展將世間的萬事萬物都連線在了一起，因此說網路的本質就是連線，在 2014 年舉辦的全球行動網路大會上，提出了一種新的觀點：未來隨著智慧化的不斷深入，人、裝置以及服務等都將實現智慧化，並利用行動網路將這些事物連線起來。能夠具備連線功能的網路公司，可以稱之為「連線型」公司，並將在未來的競爭中擁有更多的優勢。

　　場景為企業和品牌創造了一種最多變、強勢以及最容易失控的連線，場景連線的最大魅力就是可以實現跨界。

　　比如國外一款叫車 APP，其使用場景的應用具有高頻率以及高黏著度的特點，其業務增長也比較快，該 APP 將目光聚焦在了「最後一公里」的問題上，並致力於為其提供比較完整的解決方案，將商務以及旅行的各個節點都實現無縫連線。其分布在當地的各個專車以及司機和提供的服務就構成了一個巨大的場景，同時也為其各個節點的無縫連線奠定了一個良好的基礎。

　　這款 APP 所創造的強大的場景正在成為其他品牌實現跨界連線的重要基礎，一家保養品公司與該款 APP 共同推出了車載香氛精油，這就是一個典型的品牌利用場景實現跨界連線的例子。

　　有了場景，實現了連線，也就為未來創造了一切可能，如果能從產品以及服務類別方面進行更細分的考慮的話，或

許會得到更多的啟發。跨界的品牌組合或產品組合，也為消費者帶來了一種全新定義的產品。

流行即流量

當今社會，除了有符合大眾主流審美的主流文化出現之外，還有一種與其相對應的非主流或者是區域性的文化現象，有人將其稱之為次文化。

留言、美劇、漫畫等都是一種典型的次文化，同時這些成為現代年輕人的標籤和定義。雖然說這是一種區域性的文化現象，一種微觀的表達，但是如果能找到合適的引子將其引爆，那麼它可能釋放出巨大的能量。

2014 年 12 月，國外的漫畫開始在社群網路中被瘋狂轉發，在不到一天的時間裡，其下載量就超過了 30 萬，兩個星期後迅速攀升至 100 萬。這就是次文化引爆所釋放出來的能量，這種新的流行趨勢也可以帶來巨大的流量，從而也從一定程度上啟發我們在注重流量入口行售價值的同時還要強調轉化率。

流量對電商來說已經不再發揮主力作用，網路的入口格局也被徹底顛覆。消費者和場景需求變成了一種新入口，也成為一種新管道。對於場景時代的品牌來說，更需要的是一種引爆機能，而行銷也需要更加細分化。管道與人之間的界

限正在被逐漸打破，屆時流量將完全臣服於流行。

　　而流行也不單純是人們普遍理解的含義，而是越來越展現微觀化的趨勢。影視公司等也開始陸續成立了電商部門，旨在將使用者的瀏覽變成購買。標籤上出現的連結雖然現在的功能僅停留在品牌展示的功能上，但是未來其也將實現購買的功能。這些品牌商和企業在製造次文化流行趨勢的同時，也在致力於追求真實場景與衝動消費的無縫連線，從而創造新的購物入口，滿足消費者的購物需求。

　　當然這些描述的生活場景，只是針對個體，場景只是O2O 的一個接觸點，未來這些不一定能應用在社群中，場景也很難成為行動電商時代的一種主流形態。對場景電商來說，次文化以及個體的泛社群化才是推動其發展的重要力量。

　　1960 年代美國著名的行銷學者麥肯錫（James Mckinsey）提出了 4P 理論：即 Product，Price，Place，Promotion，翻譯成中文就是產品、價格、通路以及促銷。這一理論為其他的行銷分支理論提供了重要的支撐。

　　行動網路的發展為整個商業社會提供了無限的可能性利用場景，就可以將人、裝置以及服務等連線起來，並且可以隨時隨地被啟用和利用。現如今，電商企業要想實現創新和更新，不可避免地就要加入到場景爭奪戰中。

大數據＋場景 O2O： 挖掘生活場景，實現線上線下一體化商業

國外一家電商公司於 2015 年 7 月 31 日宣布正式上線，該集團的董事長計劃在三年內投資 50 億元，一時間 O2O 又成為人們熱議的話題。

該集團有著全球最大的線下實體商業門市，這次藉助合作掌握使用者流量入口的兩個網路大廠，在行動網路的風口，該集團想要發展成為全球領先的 O2O 電商平臺的野心不言而喻。

▎改變 O2O 商業模式的生態格局

O2O 並非新概念，一直以來多家企業都在做 O2O，但往往都只是徒有其表，而不得其實質。一些企業在產品的包裝上加上一個 QR Code，或者是在 PC、手機等終端上進行一些促銷活動，這些都只能算是 O2O 的表現形式，卻並不能真正地實現持續規模化的商業變現，當前亞洲能夠將 O2O 模式真正發揮出其實質效用的企業屈指可數。

這次電商公司的成立將會直接改變 O2O 商業模式的生態格局，遠非表面上所表現出來的行銷策略這麼簡單。

當前大部分消費者的精準數據大都掌握在網路公司的手

中，如今該電商公司與兩家網路公司的合作將可以為使用者提供全方位的線上與線下一體化服務，可以令該電商公司融合消費者生活的各方面。這無疑是傳統商業與電商結合帶來的巨大優勢。

專注於線上的電商平臺往往會忽略線下消費者的消費行為與消費習慣所帶來的巨大影響，而未來消費者的消費場景與消費需求將會成為商家與使用者實現對接的核心要素，該電商公司與兩家網路公司的會員體系，無疑會讓該電商公司掌握消費者的地域訊息、消費訊息、信用訊息等，這會為實現精準行銷帶來巨大的便利。甚至消費者在該電商公司的購物數據，可以成為一種能夠進行深入挖掘的巨大數據寶庫，這能持續帶來商業變現。

O2O 與大數據的深度融合為電商公司創造了巨大的利潤空間，能夠利用消費者的數據去篩選以及生產個性化與訂製化產品的電商公司將會發展成為產業的霸主。

▋O2O 更需要挖掘生活場景

該電商公司的策略恰好反映了 O2O 遠不是技術應用這麼簡單，O2O 的實質是要對消費者的生活圈及生活場景進行潛在價值的挖掘，該電商集團的電影院、酒店、旅遊組成了消費者生活圈的專屬體系，藉助行動網路將這個體系中的

每一個消費場景節點連結起來成為一個行銷的巨大使用者流量入口，而且還能同消費者實現即時互動。

在未來消費者生活圈的體系建設將會成為產業競爭的重點，透過這個體系商家將會獲得消費者生活的場景訊息。能夠透過大數據分析與消費者場景進行深度融合的企業，將會占據網路 O2O 浪潮的頂端。

一些企業在研究如何進入消費者的生活圈入口方面下了很大的功夫，它們希望能夠進入到消費者的消費行為場景中並完成精準行銷。一些傳統的藉助線下管道的企業也開始在逐漸向消費者場景化的行動網路與大數據方向進行轉型更新。

一些著名的數位化傳媒集團在商業辦公室的電視終端上增設了無線 Wi-Fi 熱點，處於網路輻射範圍中的使用者可以連線無線網路，從而實現與廣告行銷商的深入交流與互動，消費者在進入辦公室時可以連線 Wi-Fi，比如，消費者看到的是牛奶的廣告，透過「掃描」活動參與抽獎也許能獲得半價優惠。

消費者的手機靠近廣告，NFC（Near Field communication，近距離無線通訊）會在手機上彈出相關頁面，這種新奇的方式打破了傳統的舊有媒體的連線與互動，直接獲得了使用者的數據訊息。

開啟線上線下一體化商業

利用無線網路熱點進行推廣行銷的 O2O 互動模式改變了傳統的簡單的廣告涵蓋價值產生品牌影響力的局面，帶來了與消費者進行深層次交流並利用場景化推動消費行為的新篇章。

行動網路時代，消費者可以藉助 Wi-Fi 熱點等連線到網路，也可以藉助這些網路上的 APP 應用平臺提供的訊息線上進行消費，O2O 模式下線上與線下已經成為使用者消費行為的重要依託。

傳統的企業藉助累積的線下使用者發展線上與線下結合的 O2O 電商新模式，而行銷媒體線上的使用者流量入口之上開發了一系列的和使用者溝通互動並藉助大數據進行分析的行銷方案。可以預見的是，消費者生活圈中的消費者場景依託於行動網路技術的即時溝通功能，將會創新發展出一個基於大數據分析應用的消費場景化的精準行銷新模式。

連接人與服務：
從 PC 到行動，大廠布局場景 O2O 的轉型戰

在 PC 網路時代，BBS、SNS 等平臺的繁榮，本質是線上產品的興盛，網路只是為這些社交平臺提供了傳輸訊息的載體。

但是，隨著行動網路的發展，時間和地域的界限被打破，人們可以隨時隨地地交流溝通，共享訊息，並且隨著大數據、雲端計算、網路等技術的發展，網路開始將線下與線上融合在一起，使線上平臺與線下商務相結合。

O2O 體系已完善，
大型網路公司垂直化建構服務體系

眾多企業藉著行動網路和 O2O 市場的「浪潮」，迅速壯大起來，市值上億元，為當地消費者的日常生活提供服務。

隨著網路的發展，人們的生活正在發生翻天覆地的變化，消費行為和消費習慣也發生了巨變，基於高新技術生產的產品正充斥著人們的生活中。例如，人們現在出門購物無須帶錢包，只要一部智慧型手機就可實現線上支付。

以國外一家大型網路公司為例，其透過旗下各種軟體應用程式全面布局 O2O 市場，包含餐飲、電影、出遊以及上門 O2O 等領域。

該網路公司的 O2O 市場布局已經具備雛形，並且在進一步完善。例如，傳統的餐飲業通常解決的是吃什麼、怎麼吃的問題，而該網路公司則透過地圖 APP 還能為消費者解決去哪裡吃的問題。

除此之外，該網路公司還推出了外送平臺，以高階白領

為主要行銷對象，進行全面布局。

在平臺建設上，以自營平臺和第三方平臺相配合，並地圖 APP 獲取消費者的位置訊息，並推薦餐飲；

在配送方面，利用第三方物流配送餐飲。

總而言之，該網路公司建構了一個 O2O 餐飲王國。

其外送平臺將傳統餐飲和網路相融合，消費者由到店消費轉向線上訂購，在家享受外送。外送平臺利用「網路＋」的思維進行管理，以消費者的需求為準則，及時地調整行銷策略，以便吸引更多的消費者。外送的形式不僅為消費者提供了便利，改變了他們的消費行為和消費習慣，同時還促使了 O2O 市場的成熟以及傳統外送企業的轉型。

網路大廠將精耕場景，利用技術實現擴展

未來，大型網路公司如何增加自己在 O2O 市場的份額，由它們與線下商務融合的力度與深度決定，此外還由它們與實體經濟融合的程度決定。

在 PC 網路時代，人們外出需要依賴地圖、路標等，水電等生活繳費也需親自去繳納，甚至去餐廳吃飯都需要排隊；但在行動網路時代，人們只要藉助網路就可實現線上繳納水電等生活費用，只要一部手機，就可解決路線等問題。

隨著行動網路以及大數據的發展，企業可以透過行動搜

尋、地圖等技術進行使用者資訊的獲取、數據的累積，從而可以與汽車、醫院、餐飲、家居等產業相連，全面整合使用者訊息，精確計算出使用者的各方面數據，如個人喜好、家庭飲食習慣等。

除此之外，隨著行動網路技術的成熟，無人駕駛汽車必將成為現實，從而滿足消費者無人駕駛的需求。當數據累積到一定程度時，甚至可以透過預先設定程式，實現自動指引送達。

可以肯定的是，大型網路公司依然是透過 O2O 實現線上平臺與線下商務的融合，但它們的策略點卻不同：有的以旅遊、醫療、教育、餐飲等產業為主打領域；有的以物流、零售等產業為重點。

場景 O2O 背後的冷思考：後流量時代，如何提升場景轉化率

場景化消費，指的是一個生活場景向實際消費轉化的過程，是消費者和訊息發生碰撞後產生的消費行為或潛在的消費行為。O2O，則是 Online To Offline，是網路時代新的商業模式，簡單說來就是線上購買、線下服務，以期實現商家、消費者和服務提供商三贏的局面。當兩者相互遭遇，就發生了新的「化學反應」，為那些側重即時體驗的人提供與之身處場景相關的行動網路服務。

　　具體而言，商家要做的是融入目標客群的日常生活之中，去了解他們會在何時何地有何想法或有何需求，然後為之提供快捷便利的服務以滿足其需求。也就是說，兩者的結合就是滿足消費者在特定環境下的需求。

　　細究 O2O 模式的根本，我們會發現其目標很簡單直接，那就是架起商品與消費者之間的橋梁，使得彼此之間更容易互相發現。也就是說，把有形的超市變成無形，並擴展其範圍，使得消費者可以隨時隨地隨心地搜尋、購物。

　　如今場景已經引起了諸多企業的重視，對其進行的嘗試也此起彼伏，在如今的行動網路時代，隨著 LBS（Location Based Service，基於位置的服務）要素的介入，場景可發揮的價值仍大有可為，受其驅動而發生的搜尋、發現有著巨大的發展空間。

　　比如「酒店搜尋」APP 和虛擬超市，都是與消費者所處的場景息息相關的，不同的僅是前者要發現空房、後者則要與周邊商品進行互動。

　　基於此，我們可以說場景無處不在，而人人都可能成為消費者，那麼兩者的碰撞就可以真正地做到使用者與商品或服務能隨時隨地地產生互動。在此基礎上，商家如能再提供一些更為體貼的服務，如分類訊息、搜尋比價等，使用者的消費體驗就能夠得到極大的豐富。

▎流量的轉化正在遭遇貶值

隨著行動網路時代的到來，場景化 O2O 已經成為商業的發展趨勢，而作為衡量網站成熟度的指標—流量轉化卻遭遇了滑鐵盧，出現了貶值的現象。如今，對服務的追求已經成為普遍現象，但是其與 O2O 的結合卻是一個長期的過程。

目前，行動終端已經融入了大眾的生活之中，而場景又是無所不在的，所以消費者的日常行為都可以轉化為線上的流量，比如說簡單的叫車一事，站在路邊以手勢招車已逐漸被各種叫車軟體所侵襲。這，正是 O2O 的價值窪地所在。

某購物網站自建立以來已發展了十幾年，累積下的商品流量是十分巨大的，那麼其流量轉化率無疑是很高的。然而，這僅僅只是線上，如果將之轉移到線下的當地生活服務上，那就是一個屬性的轉移，即從商品到服務，如此將很難做到無縫轉移。

行動網路的時代裡，「場景化」已經漸成企業發展的有力武器，在這樣的形勢變化之中，流量已不再如以往般受到所有人的追捧，換句話說，就是已經貶值了。

用錯層思維來思考的話，科技並不是以人為本而是以懶人為本，使用者在科技的發展下已經懶上加懶，無論是做什麼都會選擇更為直接簡單的方式，仍然以叫車為例，使用者若想叫車多會選擇使用叫車軟體進入而非打電話叫。

如今，行動終端已經得到了普遍應用，入口、流量已經越來越多元化，壟斷已經成為歷史。在亞洲目前的社會傳播現狀中，碎片化已是遍及所有媒體平臺極為重要的趨勢。那麼什麼是好的流量呢？場景化 O2O 可以擲地有聲地告訴我們，出現在大眾有需求時的流量就是好的流量。

流量價值的四個階段

隨著訊息技術的不斷發展，網路已經從 PC 端過渡到了行動終端，在此過程中，流量歷經了幾次流變，如圖 4-5 所示。

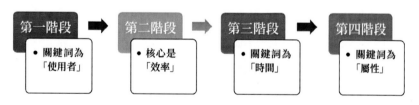

圖 4-5 流量價值的 4 個階段

1. 流量在發展之初的關鍵詞為「使用者」

因為在那個階段，企業最需要的是獲取使用者。從較早的搜尋引擎和導航開始，到電子商務發展成熟，都遵循著這樣一個規則，那就是只有有了流量才能獲取使用者。這一點一直備受重視，如今仍然活躍於商業領域中，是部分企業賴以為生的根本。

2. 發展到第二個階段的時候，流量的核心是「效率」

在不斷發展的過程之中，流量得以不斷地提高，使用者的需求越發精細，由此便衍生了許多網路模式。在歷史的發展規律中，任何事物與形式在開始都比較簡單粗放，當這種簡單粗放不再適應前的發展形勢之後，就會尋求更精深的表現方式，流量的發展自然也是如此。

在經過了高轉化率的階段之後，流量的轉化率便持續走低，這時面臨的考驗就是營運管控是否精細、有效，曾經風靡一時的導購模式就是這個階段的產物。儘管由此衍生的新生事物層出不窮，但究其本質仍然屬於流量生意。

3. 到了第三個階段，「時間」成為新的關鍵詞

當智慧型手機如雨後春筍般湧現出來之後，大眾的上網習慣發生了變化，裝置由 PC 端轉向了手機，行動網路也取代了傳統網路產生增量，進入了新的時代。行動終端基本得以普及，客戶端變得極為分散，時間也好、通路也罷都隨著整個世界被碎片化了。若想抓住行動網路帶來的全新機遇，就必須確保自己的產品能夠吸引使用者的目光。

4. 第四階段用關鍵詞來形容的話應該是「屬性」

第四階段的到來彷彿悄無聲息，以至於很多人還沒能夠察覺到，因為流量發展到這個地步已然發生了屬性的變化。到了行動網路時代，流量壟斷已經不可能實現，即使大多數

人將多半的時間花費在通訊軟體上面，其他社交軟體也依然可以與之分庭抗禮，行動端的流量價值遠無法與 PC 端相比。

小米已經影響和占據了不少數的使用者，創辦人的下一步打算或許就是思考如何將小米的流量提升。但其中的屬性其實是不同的，雖然應用商店也屬於流量，但對於場景化思維的商業模式的影響卻是非常有限的。訊息技術發展的成熟使得網路越來越精確，在這樣的大環境下，那些沒有效率的東西基本都是沒有找對本質、認清核心。

在團購剛剛興起的時候，為了爭奪市場，各團購網站開始了混戰。為了能夠脫穎而出，他們紛紛跑去購買流量。然而，事與願違，以此種管道獲得的流量轉化率都比較低，反而是那些透過線下店面調查獲得的流量的轉化率高得驚人。

從賣商品到賣服務

隨著傳統網路向行動網路的過渡，許多事物都產生了很大的變化，曾經備受追捧的流量更是有了深刻的變化，而對其觀察研究的視角也需要隨之改變。

而且，在行動網路時代裡，市場已經走向了場景導向，消費者在無所不在的場景之中的日常行為轉化而成的流量數據是相當驚人的。一旦這些流量得到發展，對於以往流量的超越絕對不是一個小數目。而 O2O 本就是一種線上線下兩手抓兩手

都重要的模式，正如前文所說，其價值窪地就在於此。

在傳統網路時代，大型入口網站本身確實具備不可比擬的高流量，有著各自巨大的流量入口，而那些奮起直追的網站也極力地想將當地生活服務的流量入口落入自己的口袋。到了行動網路時代之後，大型入口網站的流量優勢卻不能被照搬到行動端，入口優勢還未建立就被打擊得七零八落。

當地生活服務領域又是一個垂直細分的領域，曾經的流量入口還能否繼續發揮餘熱，流量轉化又能否成為可能呢？

在訊息技術不斷發展的背景下，行動網路已經到了成熟階段，流量面臨的全新問題需要企業給予足夠的重視和思考，流量如何更好地發揮其作用、場景化思維如何與流量碰撞出火花等將成為企業獲得二次紅利的關鍵所在。

場景 O2O 主導商業未來：如何釋放場景 O2O 的商業變現能力

O2O 並不是一個新的概念，一些人認為作為線上連接線下的 O2O，核心在於中間的連線管道或者平臺，但他們卻忽略了一個在 O2O 領域的激烈戰場上被不斷證明的事實──場景化的 O2O 以其強大的持續的商業變現潛力成為 O2O 領域的真正的核心主宰者。

如何理解 O2O 的場景

我們可以想像一下上班族每天上班的生活場景：早上，由「家事 APP」的家政人員負責做飯；飯後上班族們在「叫車 APP」平臺上叫車去上班；中午，上班族們吃著「外送 APP」上叫的外送時還討論著當下的熱點新聞；下班後，在「訂票 APP」上預訂好電影票，和朋友一起去看電影。

上述上班族和商家的這種對接方式就是典型的 O2O 場景的代表。場景本意是指影視作品中特定環境下人物所發生的行為。在 O2O 模式中，場景就成了商家藉助於人們生活的各種環節，利用行動網路傳播的便利性，為消費者盡可能地提供相關的產品及服務。

通俗地講，場景化的 O2O，就是商家必須做到了解消費者在各種不同生活環節中的不同需求，再透過合適的方式最大限度地滿足消費者的需要，當然這個合適的方式是整合了人們現實世界與網路世界的所有環節。

當然，我們也可以這樣認為，場景化的 O2O 為消費者提供的商品其實是一種消費者特定生活環節下某種訴求的解決方案。隨著社會的發展，人們的需求與日俱增，人們已經逐漸認可了為滿足自身需求的特定場景去買單。所以，「場景化」是實現 O2O 變現的絕佳方案。

▌場景化消費

O2O 領域的場景化消費，是在使用者所處地理位置附近所提供的即時服務，更是一種達到滿足消費者特定場景下需求的行動網路服務。

1. 酒店 APP：聚合特定場景中的消費者

某「酒店 APP」就是一個很好的例子：消費者希望獲得性價比高的經濟實惠的房間住宿，可以在手機上開啟「酒店 APP」，基於定位技術獲取周邊酒店訊息，選擇合適的房間後透過手機完成支付，就可以直接入住，而且這裡面的酒店不乏一些四星級、五星級的酒店，但是價格卻要便宜很多。

這種方式將酒店空置的房間整合起來藉助行動網路技術滿足特定場景內的消費者，使消費者與酒店共同受益。

在淡季，酒店的房間庫存量十分充足，而且酒店的投資成本高昂，邊際成本較低，酒店對於閒置房間的出租需求十分強烈。但是一些上等的酒店，為了維護自己的品牌形象不會將房間進行降價處理，許多酒店的大量空置的房間就閒置在那裡造成了極大的資源浪費。

「酒店 APP」無疑為酒店解決了這一難題，它不依靠酒店進行公開的降價廣告宣傳，而且消費者只是透過該軟體獲得在特定的時間內周邊區域的住房資訊，酒店既能保持自己

的品牌形象又能將自己的空閒房間租住出去。

在「酒店 APP」中出租房間的酒店，在晚上 6 點酒店會檢查剩餘的空置房間數量以及類型，然後挑選出部分房間提供給「酒店 APP」，價格通常比較低（一般只有正常價格的 2 至 7 折），想要住房的使用者開啟 APP，根據自己的地理位置、酒店類型、個人偏好等選擇合適的酒店完成預訂，而「酒店 APP」主要的盈利點就在於賺取酒店所給出的價格與消費者支付價格的中間差價。

2. 虛擬超市：挖掘碎片化時間

「虛擬超市」的消費者開發模式是一次極具潛力的商業模式創新。在大城市商務區、公車站、地鐵站、火車站等人流密集的地域，會經常看到一些帶有 QR Code 的廣告招牌，主要宣傳的是與生活相關的零食、飲品等，消費者掃描後可以直接購買。由於絕大部分都是當地商家與消費者，上午下的訂單下午就可以送到消費者手中。

這種「虛擬超市」模式充分利用了行動網路時代消費者的碎片化時間，所賣的商品主要是一些使用頻率高、需求量大的剛性需求物品，這也滿足了快節奏的大城市消費者需求。廣告的放置地點主要在人流量比較大、醒目易讀的位置。

而且這種掃碼的購買方式可以使「虛擬超市」利用追蹤技術收集到不同區域的廣告使用人次，從而進行資源的合理

配置，對「虛擬超市」不斷地進行結構優化。

不同地域的消費客群的類型以及消費產品的偏好都能使虛擬超市的產品供給更加科學合理，減少產品庫存，甚至可以對消費者的搜尋及購買紀錄進行統計，從而可以向消費者推送個性化與訂製化的產品，促使成交量的快速穩定增長。

怎樣實現場景化 O2O

在 O2O 的發展過程中為數眾多的公司倒閉或者轉型，他們失敗的最關鍵因素就是未實現場景化的 O2O。要實現 O2O 的場景化核心就是「場景感知」。商家能夠在調查市場獲得消費者的需求訊息後，發掘出這種需求背後的生活場景的盈利點，再借助行動網路技術為消費者創造合適的產品及服務。實現場景化 O2O 的關鍵如圖 4-8 所示。

圖 4-8 實現場景化 O2O 的關鍵

1. 場景化的「地基」是大數據

從本質上來看，場景化 O2O 的立足點在於對大數據的精確收集以及充分利用。商家藉助大數據技術，對使用者所處的場景有一個整體的掌握，再透過分析找到使用者的需求及偏好，把消費者的線下消費的特定場景與行動網路的即時傳遞功能結合起來，為使用者提供一套行之有效的需求「解決方案」。

2015 年 3 月分新加坡觀光局正是基於此原理，推出了優惠券場景化 O2O 模式成功吸引了眾多的眼球。

最近幾年，新加坡成為亞洲遊客旅遊的熱門國家，新加坡的地域風景還有特色美食讓一批批旅遊者流連忘返。旅遊的人數是增加了，但是相應的購物消費卻沒有得到明顯提升。新加坡觀光局為了改善這一局面與商家進行合作，主打優惠促銷的底牌意在提升旅遊者的購買欲。

根據場景分析，新加坡觀光局開發了一種無須下載軟體即可體驗的一款 H5 遊戲（行動端 WEB 遊戲），將優惠券釋出在該遊戲之中，用手機客戶端便可實現購物優惠，形成了一種線上得到優惠訊息，線下出境購物的 O2O 模式，提升了旅遊者的購買欲望。

2. 場景化的「結構」是接觸點

O2O 模式的價值創造得益於實現了使用者與商家的無

縫對接，商家始終能夠透過行動網路與消費者隨時隨地地交流溝通。而這些組成消費者生活各個環節的場景則是商家向使用者推廣自己的產品及服務的機會，更是商家與消費者能夠緊密連線的「接觸點」。當然，這些接觸點不只局限於某個單一的方面，它涵蓋了消費者生活的各方面，貫穿於時間與空間。

在空間上延伸接觸點的傳媒公司，根據人們不同的生活狀態藉助相應的傳播媒體為人們提供優質的服務，如工作區域的辦公室 LED 顯示器、購物時的賣場影片、乘坐電梯時的平面廣告等。

當然，消費者生活的細節需求也充滿著巨大的潛在價值。傳統的商業模式是「流量為王」，場景化的 O2O 的制高點則是一個個生活場景下的「接觸點」。

O2O 模式在本質上使消費者與商家能夠直接找到彼此，使訊息對等而且更加透明化。賣場的範圍透過行動網路得到巨大的延伸，搜尋、購物、交易不受時間與空間的限制，隨時隨地都可以進行。

如今行動網路的發展再加上基於位置服務 (LBS) 技術的突破，場景化的 O2O 發展潛力無窮，「酒店 APP」幫助人們找到經濟實惠的酒店空置房間，「虛擬超市」帶給人們周邊的零食、飲品。

　　生活中可以供場景化的 O2O 開發的環節還有很多。理想情況下，商品及服務都可以在消費者的生活場景中與消費者產生互動以及對接。如果再加入訊息分類、搜尋對比、評論建議等處理方式，將會給人們帶來極致的場景化購物體驗。

　　事實上，我們一直處於由各個場景拼接起來的社會生活中，工作學習、休閒娛樂、出遊購物、外出就餐等組成了一個完整的「場景」。只不過對於或者想要進入場景化的 O2O 領域的掘金者需要注意的是：收集並分析消費者的生活場景的各大環節的大數據，並能夠與消費場景深度融合，這條場景化的 O2O 創業之路才會走得越來越遠。

第五章　場景行銷：
深挖消費者需求場景，
開啟場景行銷新革命

行動時代的行銷變局： 顛覆傳統品牌行銷模式的場景行銷

隨著網路的發展，訊息向著分散化、碎片化方向發展，企業在進行行動應用場景的爭奪戰時，需要從消費者的消費需求出發，其中包括場景應用。

行動網路時代的商業重構

在行動網路時代，時間是企業競爭的核心因素。誰搶占了先機，誰就占據了市場資源。同時，企業還應順應行動網路的發展趨勢，積極應對它所引起的一系列的風險。

在資訊化時代，人們獲取外界資訊的管道變得多元化，資訊類型也變得多樣化，如娛樂、新聞、購物、搭車、工作等。

透過行動網路獲取外界資訊已成為人們的生活習慣。2014 年的一項調查顯示，亞洲人平均每天看手機 150 次，除去睡覺時間，平均 6 分鐘看一次。人們頻繁地看手機，是為了證明存在感，透過手機將自己與朋友連線起來，打破地域的限制，同時這種即時通訊也顛覆了傳統的社交方式。

隨著行動網路的發展，傳統的商業格局被打破，更多的企業開始由 PC 網路轉向行動網路客戶端，布局行動場景。

▌行動網路時代的新趨勢

在未來，行動網路將遍布各個領域，與各個產業相互融合。隨著行動網路的發展，行動支付體系也將變得越來越完善，為消費者的消費行為提供便捷的管道。而伴隨著行動支付系統的成熟，人們的消費行為和消費習慣也將改變，從而建構出新的商業模式。

行動化將成為未來網路的發展趨勢。

1. 場景應用行銷

成功的行銷一定是基於消費者的實際需求，這就需要行銷者建構特定的場景，使消費者與產品產生連繫，讓消費者在特定的場景中產生消費的欲望。目前，許多的行銷者都開始重視場景的建構，因為沒有場景，就很難使消費者對產品產生共鳴。

場景應用就是利用場景使消費者和產品之間形成共鳴，以此來吸引消費者體驗和購買產品或服務。

而所謂的行動網路則是商家和消費者之間的一個溝通平臺，透過這個平臺，商家可以把產品的訊息傳遞給消費者，引起消費者購買的欲望；同時消費者也可以透過行動網路回饋自己的需求。透過行動網路平臺不斷地改進產品的功能，滿足消費者更深層次的需求，是商家在行動網路時代行銷的關鍵。

2. 行動網路行銷的變革

研究發現，亞洲的消費者使用手機的時間比美國消費者高 10%。這意味著，在亞洲，手機這種行動通訊裝置的潛在價值還沒有被充分挖掘出來，消費者對它的認識還處於表層。

在未來的一段時間，行動化將是網路的發展趨勢。基於場景化、行動化、訊息化的廣告行銷比傳統的廣告更容易引起消費者的共鳴，產生購買的欲望。行動網路將作為一個連線的平臺，為商家和消費者提供溝通的管道，滿足雙方的需求。

在進行場景化行銷的過程中，如果能使消費者也參與進來，達到共同生產、共同傳播的效果，消費者將會自主地去傳播產品，節省行銷的成本，提高工作效率。同時，消費者的自主傳播，更容易拉近與其他消費者之間的距離，吸引更多的消費者參與。行動網路時代的廣告行銷是基於產品訊息的，只有產品具有吸引力，消費者才會自行傳播、消費。

在行動網路時代，消費者更注重廣告的內容，也就是產品本身。只有一個產品自身的品質優良、功能強大，消費者才願意去傳播、消費。比如，消費者購買蘋果手機，主要不是因為蘋果手機的廣告有吸引力，而是手機本身。

在行動網路時代，行銷者進行場景化建構需要具備資訊整合的能力，將 QR Code、位置服務、行動社交等與應用場景相融合。行動化、數據化、內容化的廣告媒介從多媒體簡

訊轉向應用場景。大數據、雲端計算、行動網路等又為場景的整合提供了技術支援，產生源源不斷的創意。

▎場景應用：品牌行銷的進化方向

隨著行動網路的迅速發展，資訊逐漸分散化、碎片化，行銷者應該採取怎樣的措施，才能適應分散的時代，吸引更多的消費者？如何建構場景應用引發消費者的共鳴？在訊息化時代，傳統的品牌行銷模式正在被顛覆、被重構。

而引起行銷模式轉變的根本原因，在於消費者的消費行為和消費習慣發生了改變，主要有以下四個變化。

第一個變化：消費者的注意力分散。隨著行動網路的發展，訊息變得零碎化，消費者可以隨時隨地獲取資訊，從而對行動網路客戶端連線其他終端提出了更高的要求。

第二個變化：消費者的消費範圍擴大。網路的發展，打破了時間和地域的限制，消費者選擇的空間變大，而單一的行銷模式很難引起消費者的共鳴。

第三個變化：消費者的消費行為為企業提供了資訊。大數據、雲端計算、行動網路的興起，使企業可以容易地捕捉到消費者的消費數據，從而進行儲存、分析、利用，實現精準行銷。

第四個變化：消費者的消費行為發生改變，從理性購物

到應用場景的觸發。隨著網路的發展，各大領域都在積極備戰場景化戰爭，企圖改變 PC 網路時代的計畫消費，利用場景化即時觸發消費者的消費欲望，引起他們的共鳴。

消費者消費行為和消費習慣的變化，使企業行銷開始顛覆傳統，重塑新的傳播模式。

1. 製造內容和話題，植入消費者場景的廣告

在行動網路時代，消費者能夠接觸到更多分散化的行銷場景，但大多數情況下，消費者會選擇封鎖這些廣告，原因在於這些廣告不能為消費者帶來需要的資訊，反而會干擾消費者的日常生活。

比如，當全家人都在吃飯的時候，突然電視上播出一則藥品廣告，頓時讓人失去食慾；又或者在網頁上瀏覽感興趣的內容時，突然彈出一則廣告，這時，消費者一定會關閉廣告視窗，而不會暫時放下感興趣的內容去瀏覽廣告。這樣，在無形中，廣告就引起了消費者的反感，失去了行銷的價值。

因此，在網路時代，品牌行銷更需要注意廣告內容與應用場景的融合，使廣告發揮應有的效益。場景不僅是廣告內容的媒介，更是行銷者透過建構特定的場景來引起消費者產生共鳴，為他們提供討論的話題，吸引他們進行消費體驗，並且自主地去宣傳產品，擴大品牌的影響力。

小米手機的新品行銷都會為消費者提供一個話題場景，

透過社群平臺傳播廣告內容，同時利用辦公室等廣告牌進行宣傳。透過線上宣傳與線下造勢相結合的方式，擴大小米手機的影響範圍，使更多的消費者在看完線上的小米釋出會後，線下也擁有討論的話題，從而產生共鳴，進行消費。

每一屆的世界盃都會成為當時的熱門話題，人們關心與世界盃相關的一切話題，尤其是球員的表現。因此，在世界盃期間，商家的行銷也會採取與世界盃相關的內容，以此吸引消費者體驗。例如，2014 年巴西世界盃期間，國外一家新聞媒體就憑藉其獨特的行銷方式成為使用者首選的新聞媒體。

世界盃期間，也有大量的使用者因為上班而錯過球賽直播。於是一家傳媒公司就在他們上下班的途中建構應用場景，透過 3G 技術和液晶電視為消費者提供即時的比賽結果。

這種將廣告行銷與熱門話題相結合，以吸引消費者消費的行銷策略，是廣告商們在行動網路時代面對大量的碎片化資訊所應具備的能力。

2. 利用一切廣告和行銷平臺，為品牌行銷建構特定的應用場景，激發消費者的共鳴，刺激消費

在資訊爆炸時代，消費者在選擇商品時，往往會瀏覽那些有價值的廣告內容，然後再進行消費。而品牌行銷需要注意建構特定的場景，從而引起消費者的共鳴，拉動即時消費；同時，行銷者還要在海量的廣告中，以個性化、差異化

的宣傳手段吸引消費者的注意力，成為消費者消費行為的入口。「入口」不僅在 PC 網路時代非常重要，在行動網路時代也不可小覷，搶占了消費入口的品牌，往往能獲取巨大的經濟效益。

比如，消費者在乘坐電梯時，看到某家電品牌電視的廣告，會產生購買的衝動，這時就會搜尋相關電商的產品，而該家電品牌內建的 Wi-Fi 會為消費者提供相應的產品資訊，以便消費者了解。在行動網路時代，O2O 模式已經成為商家行銷的主要方式，透過將產品與網路相結合，激發消費者的即時購買欲望。

在行動網路時代，品牌要做的不是進一步將資訊分散化、碎片化，而是如何實現線上與線下的同步，滿足消費者的需求。如果線上與線下不同步，那麼線上資訊的更新，依舊改變不了線下消費者的日常生活。因此，雖然線上人口重要，但消費者的生活場景也同等重要，同樣可以為商家帶來大量的使用者流量，實現經濟效益。

3. 整合各個終端和入口的大數據，透過儲存、管理、分離、利用，為即時行銷提供資訊支援。

隨著網路的發展，大數據、雲端計算等進入企業的行銷宣傳中，為企業的品牌宣傳提供數據支撐，完善企業的管理系統。

行動網路客戶端以及企業宣傳的平臺都可能成為大數據的入口，而企業要做的就是如何運用這些大數據，了解消費者的需求，進而改進產品，為消費者提供個性化的服務，滿足長尾需求，實現精準行銷。

隨著網路的發展，平臺的功能集行銷與大數據於一體，如搜尋、電商、APP 等。除此之外，線下的實體店鋪也開始成為大數據的入口，成為消費者回饋的平臺。

2014 年 9 月底，國外一家傳媒公司在 30 個城市完成了10 萬個 Wi-Fi 及 ibeacon 點的布署，從而該傳媒公司可以獲取它所涵蓋的場所，如公寓、辦公大樓、賣場、Shopping Mall、電影院等地的使用者消費數據。利用這個每天超過20 億條的數據量，改進產品的功能，滿足消費者個性化的需求。同樣的，線下的眾多實體商舖也可以利用所獲取的消費者訊息，改進行銷策略，實現精準行銷。

在行動網路時代，面對資訊的分散化、碎片化，企業需要重新改進品牌廣告的宣傳方式，利用網路等平臺及時了解消費者的回饋，實現線上與線下同步，滿足消費者的需求，以內容做廣告，為消費者創造討論的話題，透過搶占大數據入口來重新整合，建立特定的應用場景，引起消費者的共鳴。

大數據、雲端計算、行動網路等紛紛融入場景行銷，為

企業提供海量的使用者數據，回饋消費者的需求，以便企業可以及時研發新產品，滿足消費者的長尾需求，實現精準行銷。品牌在進行宣傳時，通常追求建構小巧、精緻同時又能創造源源不斷的話題的場景應用，透過這些場景激發消費者的消費欲望。

場景化行銷：
碎片化場景時代，如何激發消費者購物欲望

隨著行動網路時代的來臨，人們的消費行為和消費習慣也發生了變化，購物從 PC 網路時代的線下購物變為 2.0 時代的網上購物，最後在行動網路時代向行動購物轉型。甚至是行動購物本身也發生了變化，社群平臺不再是單純的社群平臺，更是消費者的購物平臺，社交與購物的界限變得越來越模糊。行動購物作為行動商務的一部分，開始呈現出新的特徵。

傳統化購買方式

在 1980、1990 年代甚至於 2000 年初，電腦都沒有普及，消費者的購物主要是線下購物。他們獲取商品資訊的管道非常狹窄，主要透過報紙、電視等傳統媒體了解商品的品牌，去商場買一件心儀很久的東西，需要考慮時間和交通的成本。

同時，在資訊不對稱的時代，商家無法透過網路進行行銷，宣傳產品，只能透過鋪天蓋地地發放小廣告的方式提升品牌的影響力，因此，也無法實現精準行銷。

隨著 PC 網路的發展，電腦開始普及，消費者有了獲取外界資訊的媒介，無須再考慮時間和交通問題，透過網路就可以搜尋到想要了解的商品的資訊，甚至還能知道聞所未聞的商品。而商家也將廣告從線下搬到線上進行行銷。雖然消費者獲取外界資訊的管道拓展了，但購買商品所要考慮的交通問題依然沒有得到解決。

隨後購物網站開始深受消費者的歡迎。消費者無須再到商場購買商品，只需要透過網路就能在家瀏覽商品，進行選購。而這也改變了商家的行銷方式，開始在購物網站上投放廣告，只要消費者開啟網站就可以看到，甚至有的商家開始在購物平臺上開店。但是消費者的購物方式依然帶有目的性，一般要經過這四步：目的、搜尋、選擇、購買。

┃碎片化購買方式

行動網路的發展，改變了人們的消費行為和消費習慣，消費者可以自由購物，並且由線下購物轉向行動購物，支付方式也從 PC 電腦轉向行動手機，打破了時間和地域對人們的購物限制。

在行動網路時代，人們可以隨時隨地地了解產品的資訊，而且電子商務為消費者提供了購物的平臺，消費者可以立即下單，線上支付，快遞公司負責送貨上門。行動網路的發展，打破了時間和地域的限制，消費者購買商品時，不再需要考慮時間和交通的問題，消費者的購物由斷層性轉向連貫性。

隨著消費轉向連貫性，企業開始建構場景化的服務，為消費者提供優質的服務，滿足他們的長尾需求。

▋碎片化場景：從價格敏感到速度為王

隨著行動網路時代的來臨，資訊向著分散化、碎片化的趨勢發展，場景也趨於碎片化。人們可以在任何場合透過智慧型手機和 3G/4G 業務隨時隨地進行網上購物，利用一切碎片化的時間，如閱讀新聞、聽音樂、玩遊戲、跟朋友聊天的間隙。

在訊息碎片化的時代，人們的注意力更加分散，購物追求的是「快」，盡可能地在最短的時間內完成消費，人們已經無法將注意力集中在比價、貨比三家上。在 PC 網路時代，人們消費追求的是價格低、品質好，而在行動網路時代，人們更注重在消費過程中的體驗以及購物的便捷性。

消費者在購物過程中追求的「快」，不僅包含了搜尋商品的速度要快，支付結算要及時，還要求商家的出貨速度快，到貨的時間短。時間的碎片化致使購物場景碎片化，

消費者因此產生了「快」的需求。在行動網路迅速發展的今天，消費者可以在等公車或外出就餐的間隙完成購物、支付。行動場景下的購物已不同於 PC 網路時代的線上購物。

例如，某電商的數據顯示，眾多的消費者都是利用碎片化的時間進行購物的。其在商品的陳列上，對商品進行分流，優惠活動以對價格敏感的消費者為主要行銷對象；品牌產品則針對那些對品牌敏感的消費者；同樣的，研發出的創新產品則主要以追求個性化的消費者為行銷對象。

在行動網路時代，購物也趨於碎片化、分散化，人們可以隨時隨地地進行消費，就像轉發一則貼文、回覆一則簡訊、閱讀一則留言一樣快捷，購物成為行動生活場景不可或缺的組成部分，消費者的購物趨向隨性化、自由化、便捷化和衝動化。

▍碎片化場景下的「口碑效應」

在訊息碎片化時代，行動購物趨於口碑化，產品的口碑左右著消費者的消費行為和銷售量。基於場景化的購買已經遍布人們的日常生活。例如，人們會在和朋友聊天時交流商品的訊息，當某個品牌的產品降價促銷時，人們往往會大量購買，或者在一些社交平臺上看到名人推薦的產品，也會立刻購入。

這些場景化的消費是基於熟人關係的口碑而產生的，消費者在購物完成以後，會在自己的社交平臺上分享購物體

驗，這些體驗又成為其他消費者的購物驅動力，以此形成口碑雪崩效應的良性循環。但是，口碑的雪崩效應不一定總能促進消費，有時甚至會帶來負面影響。假如消費者的購物體驗沒有達到他的期望值，那麼他帶來的則是負面的口碑，從而影響產品的銷售。

行動網路時代的口碑效應與網路時代一脈相承，但在行動網路時代，商品口碑效應的影響力更大。隨著行動網路的發展，消費者有了更多的購物管道，對產品的需要也越來越嚴格。雖然在訊息碎片化的時代，消費者的購物追求「快」，但與 PC 網路時代相同的是，他們也追求極致的體驗，消費者在追求物美價廉的同時，更追求綜合性的體驗。在行動場景時代，企業能夠搶占多少市場量，將由使用者的綜合體驗決定。

隨著行動網路時代的來臨，消費者的購物管道也拓展開來，除了網路時代的電商 APP，行動場景時代又為消費者提供了手機購物等管道，碎片化的場景服務滿足了消費者碎片化的時間需求。在未來，行動社交購物有著無限的發展前景。

場景化行銷：激發消費者的購買需求

企業在銷售的過程中，要充分刺激消費者的口、耳、鼻、眼等感覺器官，透過建立具體的場景吸引消費者的注意

力，刺激他們的購物欲望，為他們提供極致的服務，進而實現產品的行銷。

　　體驗式行銷作為一種新型的行銷方式，迅速被銷售市場所認可。它以使用者的體驗為特徵，而場景化行銷作為它的一個分支，同樣重視產品的體驗。企業透過建構特定的場景，為消費者提供極致化的服務。

　　例如，人們去家具店挑選家具，堆放雜亂的家具讓消費者頓失購買欲望，而排列整齊、分類清楚的家具則會激發消費者的購買欲望。如果能將沙發、靠枕、茶具、杯盞等裝飾成一間客廳，那麼就會讓消費者有身臨其境的感覺，從而激發出購物欲望。而在商家的行銷中，這樣的場景化服務隨處可見。

場景化行銷的三大特點

　　場景化行銷的三大特點如圖 5-1 所示。

圖 5-1 場景化行銷的 3 大特點

1. 隨時性

行動網路的發展，打破了時間和地域的限制，消費者可以隨時隨地地透過社群平臺進行購物。時間的碎片化使他們可以在滑手機時，看到朋友晒的照片而產生購物的欲望。此外，有的商家也喜歡轉發買家好評，以此吸引其他消費者進行購買。

在這些場景中購物的消費者沒有明確的消費欲望，完全是因為某個場景激發出了消費欲望。場景行銷的隨時性就是不帶目的的消費。

2. 不相關性

在行動購物時代，人們會同自己的朋友聊天，分享，在交流的過程中可能會產生消費的欲望，但他們之間談論的內容不僅僅局限於購物，還涉及其他的話題。雖然談論的話題多變，但交流的對象沒變，還是同一個人，這就是行銷場景的不相關性。

3. 多樣性

在群體時代，人們的群體特徵比較明顯，企業在行銷的過程中也採用多樣化的行銷方式。

一家成立於 2003 年的購物網站經營名錶、化妝品、服飾、家居等商品，並且針對不同的場景推出不同的服飾。目前，該網站的服飾主要分為 4 大類：「浪漫約會」、「上班族」、

「戶外生活」、「郊外度假」。在這 4 類之下，還有更細緻的分類。模特兒身上的服飾也由特定的場景所決定。

　　隨著行動網路的發展，行動購物成為人們生活的主流，場景化行銷漸漸登上時代的舞臺，商家透過建構特定的場景，來吸引消費者的注意力，從而激發他們的購物欲望，成功實現行銷。

數位行銷 VS 場景為王：
如何利用場景行銷打造品牌策略

Forrester 資訊技術分析公司於 2014 年釋出了名為 The Power Of Customer Context 的報告，該報告顯示，以活動推出為主的傳統行銷方式取得的效果越來越不理想，場景化行銷將逐漸成為行銷領域的新寵。

▎如何正確理解場景化行銷

場景化行銷的定義是逐步發展而來的。雖然多數業內人士在闡述對場景化行銷的理解時圍繞的都是該形式向行動端的遷移或 O2O 模式的運用，但這個概念早在 2000 年就初現端倪，那時電腦應用還不普及，《哈佛商業評論》（*Harvard Business Review*）發表了 John F. Marshall 和 David Kenny 的分析文章，文章中預測：網路會在不久的將來遍布全球，數位行銷將圍繞使用者的日常生活進行，當他們產生需求時，經營商會為他們提供相關資訊。

用通俗的方式來表達，就是在恰當的地點、恰當的時刻滿足使用者的需求。行銷產業一直遵循這個原則，也可以把它當作場景化行銷的本質來源。隨著行動網路的發展和普及，場景化行銷找到了更好的發展機會，行銷者與消費者的溝通互動不

必再受時空限制，同時能夠滿足消費者的多樣化需求。

如果將範圍縮小到數位時代的行銷方式，那麼場景化行銷也經歷了不同階段的進化。

對場景化行銷應用得比較早的應該是投放在瀏覽器中的廣告，使用者在搜尋欄中輸入關鍵詞後，瀏覽器會呈現出與之有關的廣告，使用者輸入的關鍵詞就是他們需求的場景；那些植入使用者瀏覽頁面或軟體中的原生廣告也包括在內；如今，行銷主體把目光聚焦到應用程式上，廣告公司在了解使用者特徵的基礎上對形式進行多樣化創新。

上文中提到的場景化行銷方式都是在使用者瀏覽訊息時才能實現的。隨著行動網路的發展，場景化行銷不再依附於訊息內容，可以圍繞使用者所處的位置和時間點來實現。例如利用 LBS 技術向使用者提供的附近餐廳的資訊，還有定時更新的天氣狀況。

如果能夠深入分析使用者的行為習慣和相關資訊，就能夠進一步掌握使用者場景，這樣就能將商品內容和品牌資訊與使用者的日常生活結合起來，在使用者需要的時候提供給他們，比如使用者在預訂機票或查詢班機資訊時，可以向其展示到達地點的酒店資訊。

概括而言，上面闡述的幾種行銷方式都是根據使用者所處的情景特點和潛在需求，為使用者提供相關資訊。如今，

又在此基礎上進行了延伸，挖掘使用者的潛在需求和興趣，為使用者設定新的場景，在場景中幫助使用者解決問題，這樣做能夠充分發揮行銷方的創造能力。

比如叫車軟體可以滿足使用者的出遊需求，車主和消費者可以更好地互動溝通；Nike 公司推出的可穿戴裝置除了讓使用者在運動的過程中可以明確掌握運動情況外還能分享給其他人，不僅能夠激起使用者運動的積極性，還能增強使用者體驗。

這種行銷方式不再局限於只向使用者提供商品資訊，還能拓展和延伸出多樣化的行銷場景，就像透過通訊軟體派發優惠券，而且可以透過滿足使用者現實生活中的需要來增加線上流量，這也是最關鍵的作用，能夠發展更多的長期使用者，帶動技術更新使場景需求更加符合使用者的興趣。

The Power Of Customer Context 這篇報告為我們明確分析了場景化行銷與傳統行銷的不同之處。

場景化行銷與傳統行銷的動機是有所區別的：傳統行銷方式是為了提高企業品牌在使用者中的知名度，驅動使用者進行消費，這種訊息傳遞是單向的；場景化行銷的重點在於和消費者交流溝通，滿足使用者在某個場景中的需求，使用者在消費過程結束後會把自己對於商品的評價和意見回饋給經營者，這樣就能在滿足使用者需求的基礎上掌握產品狀況並進行改善。

我們再來分析一下兩者的實踐方式：傳統行銷方式以活動推出為主，場景化行銷則是增強與使用者的交流互動。在實踐過程中，前者根據使用者的特徵將其進行分類，配合廣告投放時間推出活動；後者以使用者需求為中心，整合零散時間增強與使用者的溝通，吸引使用者關注；另外，前者用 GRPs（Gross Rating points，總收視點）和 CPM（Cost Per 1,000 impression，每千次曝光成本）來評價其實踐結果，後者側重於場景中的應用。

為什麼說行動時代行銷的未來是場景為王

1. 場景化行銷大幅度增加品牌與消費者互動的機會

傳統行銷方式並沒有太多的機會去接觸消費者，它只是把網路平臺、電視、圖書雜誌或者其他廣告看作宣傳推廣的管道；場景化行銷則不同，它在實踐中從商品或品牌被消費者關注到將訊息傳播給他人的各個環節裡深度挖掘使用者的需求，圍繞消費者需求不斷創新廣告形式，就能增強與消費者的互動。

這方面的例子很多，比如，品牌經營商可以利用使用者手機中的通知訊息來增強與使用者的互動。比較具體的例子是銀行在向使用者發送交易訊息時，會在訊息下方提示使用者可以使用行動支付還款；水電繳費通知單上提醒居民用手機掃碼之後就能線上付費。

2. 場景化行銷能夠滿足使用者的實際需求，使消費者和行銷主體都能從中獲益

現如今，多數使用者會忽略掉面前的廣告，還想像之前那樣用傳統廣告來吸引顧客幾乎不可能。使用者的關注重點在於該商品是否能夠滿足他們的實際需求。

場景化行銷就是以幫助使用者解決困難為基礎，它能使消費者和行銷主體共同獲益：在特定的場景下滿足使用者的需求，不僅能夠方便使用者，還能增強使用者體驗，發展長期使用者。使用者將產品實際應用的情況和相關訊息回饋給企業，企業依據使用者意見加以改進。

3. 場景化行銷擴大了潛在客戶的範圍

以前的行銷模式在判斷某使用者是否為其商品的潛在客戶時，會分析該使用者的人口屬性。場景化行銷則側重於使用者的需求，這種方式擴大了潛在消費者的範圍。

比如國外某款經期 APP，該應用程式針對的是女性消費者，但開發商發現多數女性處在經期時想獲得來自男生的關照，為此推出了針對男性的 APP，可以讓男性在對方身體不適時給予關愛。到 2014 年，1/10 的使用者是男性。

很明顯，在行動網路時代沿用網路時代下的傳統行銷模式是行不通的。如今在行動網路領域裡最受歡迎的是雲端計算和 O2O 模式，這兩種方式從本質上來說都是掌握使用者

訊息，整合並分析其行為特徵找到使用者需求，然後圍繞需求設定場景，進行場景化行銷。也就是說，在恰當的時間和地點條件下滿足使用者對相關訊息的需求，相信它會成為行動網路行銷的主要推動力。

如何應用場景化行銷

怎麼做才能運用場景化行銷來實現行銷主體的規劃呢？The Power Of Customer Context 這篇報告提出了以下建議，如圖 5-2 所示。

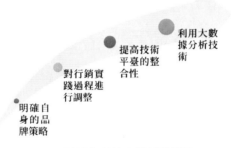

圖 5-2 場景化行銷應遵循的策略

(1) 明確自身的品牌策略。這不僅是傳統行銷方式應該遵循的原則，到了場景行銷時代，最關鍵一點還是要根據產品明確自身的發展策略。在場景化行銷的具體實踐過程中，一切行為都要以提高品牌影響力和知名度為中心。

(2) 對行銷實踐過程進行調整。在場景化行銷模式下，行銷

人員需要在短時間內掌握使用者的需求點，還要能夠幫助使用者進行及時處理來解決問題，與縝密詳盡的全面策劃相比，這種方式可能更容易提高使用者黏著度。

(3) 提高技術平臺的整合性。在各種場景下產生的需求通常比較零散，企業的技術營運方要整合一系列碎片化資訊，並用特定的平臺來處理。

(4) 利用大數據分析技術。分析在與使用者互動過程中掌握的使用者資訊能夠明確目標客戶的需求，也不能忽視那些包含時間特徵的資訊，比如使用者的消費管道。

場景應用的「五力模型」： 未來行動網路行銷的場景之爭

在網路時代，企業之間競爭的焦點在於流量和入口，而隨著行動網路時代的到來，企業競爭的焦點也發生了轉移，變成了對場景的爭奪。因此，了解場景才能占據場景，占據場景才能贏得未來。

那麼，什麼是場景？我們日常生活中隨處可見的等車、逛街、工廠機器裝置運轉等都是一個一個的場景。

▌場景下的五力核心

行動裝置隨處可見，像手機、PAD，甚至是一些可穿戴

的裝置都是行動裝置。這些行動裝置產生的大量數據透過一些管道曝光，從而接觸核心使用者，形成社群媒體。

因此，感測器的設定就是為了讓行動裝置可以更好地獲取更多的數據、環境變數以及場景。LBS 作為位置服務，在幾年前很紅，但是現在，位置服務在行動裝置和感測器的支持下已經到達一個嶄新的水準。

場景下的五力核心如圖 5-3 所示。

圖 5-3 場景下的五力核心

1. 行動裝置

當今社會，人們已經越來越離不開行動裝置，行動裝置的出貨量已經超過了 20 億部，而手機就占了 18 億部。每人至少一部手機，除此之外，還有 400 多億的 APP 被下載，其中有 50 億的 APP 需要付費。

2. 資料

在這麼多的行動裝置中，每個裝置每時每刻都在採集資

料，比如，帶著手機，人們一天走的路程、路過的地方等相關數據都會被記錄下來，只是還沒有得到應用。

提到大數據，大家首先想到的就是四個 V。

(1) Volume（數據量巨大），我們可以透過各種方式獲取數據。

(2) Variety（類別很豐富），大數據的來源可以是人與人、機器與機器、人與機器；

(3) Velocity（流動性），數據的變化速度以及數據的有效性變化都很快，比如一個人這一秒在這個地方，下一秒可能就在另一個地方。

(4) Value（大數據的價值），數據對不同產業都展現出一定價值，比如零售業和諮商業，它們生產率的提高以及銷售業績的提升都離不開大數據的影響，另外，機場交通也強烈受到大數據的影響。

3. 社群網路

據某通訊軟體最新的財報顯示，使用該軟體的中文版和英文版的使用者數量已經超過 6 億。

4. 位置服務

一看到位置服務，大家首先想到的就是地圖，如 Google 地圖。但實際上，位置服務所涵蓋的範圍遠遠比地圖要大。當你拿著蘋果手機靠近這個感測器的時候，兩者就會發生互

動，從而觸發你的 APP ——我們這裡有哪些東西是打折的。

　　現代的位置服務相較於傳統的位置服務的優勢在於它的精準度很高 —— 我是經過這個店的門口，而不是經過隔壁店的門口。這就是所謂的室內定位。與傳統意義上廣義上的定位不同的是，室內定位需要知道具體位置，不是在哪幢樓，而是在哪一層，甚至是哪個房間。室內定位可以應用到做傳統時的超市場景。

　　其實只有透過對大量數據的收集才能更好地完成位置服務。例如，Google 地圖都要有測繪的許可權，需要很多車到各個街道跑，測經緯度，旁邊有什麼店以及所有的相關資料，並透過拍照記錄下來。這看似是一件很麻煩的事，實際上，Google 收購的一家叫 waze 的公司，只用了 10% 的使用者，花費了 10 億美元，用了四五年的時間把大部分國家的地理位置的訊息還有周邊的酒店、餐飲等訊息收集起來，最終完成了 Google 地圖。

　　它實質上就是一個手機 APP，當使用者拿著手機走在路上的時候，只需要開啟行走 APP，使用者旁邊的酒店、餐飲甚至交通資訊等相關數據就會被搜出來。除此之外，它還有預測的功能，當使用者早上上班經過某個地方的時候，它不會為使用者提供額外的資訊，但當使用者下班的時候，它會為使用者提供一些餐飲、休閒場所等方面的資訊，這些

都不需要使用者主動搜尋，它就會自動推送。

5. 感測器

我們經常從手機上獲得光線、溫度、溼度這些資訊都是透過感測器來完成的。

紐約的一家公司生產出一種新的生物晶片感測器。就像電影裡演的一樣，在皮膚上蓋有一個類似於 QR Code 的東西，背後裝有晶片。透過這種生物晶片感測器，就能測到一些關於使用者的皮膚的生物指標，像溫度、乾溼等。當使用者在戶外運動的時候，使用者的心跳、身體狀況都會透過感測器和 APP 與當時場景下的一些服務做連結。

該場景應用的核心就是利用小而美的場景為使用者帶去行動訊息體驗，利用行動網路技術，幫助傳統企業省去中間商，重構服務、產品與使用者之間的直接連線，從而將巨大的行銷成本投入到產品和服務中，為消費者提供更滿意的商品和服務。現在，Tesla、維多利亞的祕密等企業都在運用此項技術產品。

由此可以總結出：5 個維度組合在一起，形成一個真實的，在特殊時間下的特殊狀況就是場景。

使用者當前所處的位置和一些裝置，裝置中的感測器，以及感測器傳遞出來的數據，再加上社交網路中的行為數據，這些就形成了一個完整的場景。透過這個場景，它就會

對使用者有更深一步的了解，從而為使用者提供量身製作的
個性化服務。

場景時代意味著什麼

1. 對客戶更深刻的了解

tempo ai 是美國非常熱門的 APP，它不僅是一個簡單的
日曆服務，其非凡之處在於，如果使用者明天上午有一個拜
訪客戶的安排，它就會在明天上午 8 點半的時候為使用者做
出提醒 —— 使用者要拜訪哪位客戶，路況如何，那家公司
是否還在原來的地方等。這些場景都是以前我們在電影裡看
到的，但現在透過 APP 卻真的實現了。

它會根據你的個人安排與需求，將不同場景的數據做出
整合，像使用者的私人助理一樣，幫使用者把事情安排得井
然有序。

2. 線下行為也能跟蹤

已被蘋果收購的以色列公司 Primesense，它透過影像辨
識和數據演算法來做超市裡面人的行為追蹤技術。假設有不
同的人在沃爾瑪（Walmart)或者家樂福的走道裡走過，我們
有時就會停下來看一下。

基於傳統 PC，我們能用多種方式對使用者的需求進行
追蹤 —— 知道有多少新的客戶進入我的網站，訪問了哪個

頁面以及客單價是多少。這個是利用感測器將線下數據追蹤的問題徹底解決了。利用顏色來標記人們對不同地方的關注度，紅色代表人們經過那兒時駐留時間最多的地方，人們關注度不高的地方則用淺的顏色表示。

SENSORO 公司利用多重感測晶片，憑藉強大而全面的數據語境，為企業（如金融、零售、服務等）提供最前沿的數位化和客戶管理方案，並提升使用者的體驗。當與前文所提及的場景應用產品結合起來時，就能更加精準地實現行動資訊服務，正確的時間、地點、需求和內容，並且無須使用者手動描繪，與傳統網路不同的是，它根據場景數據就可以讓物體主動對使用者加以辨識，從而提供更智慧、更個性化的場景應用。

場景行銷的六大案例：增強使用者體驗，以場景實現商業價值

我們該怎樣來理解場景化行銷的概念？事實上，我們有很多時候都是在場景中生活的，從傳統品牌理論的角度來理解場景的話，所謂場景，指的就是心智影響力。企業的經營離不開消費者的支持，某企業採取場景化行銷的方式就是透過強調自身的價值獲得消費者的青睞並逐漸發展成長期使用者，過去一般可以透過廣告宣傳或者推行優惠活動等措施來實現。

這也是很多經營者和消費者所認同的關於方式行銷的理解。不過隨著行動網路的發展，人們的認識層面和認識角度不斷擴大，如果對場景行銷的理解有所不同，那也很常見。

企業應該透過什麼管道來增強使用者體驗呢？很多企業在進行數位行銷的過程中會採用社群行銷或者是 mini-site 來建構與消費者互動的平臺。

但是，數位空間畢竟不像現實世界，它能夠向消費者傳達訊息內容，但不能讓消費者親身體驗，現實世界則能夠滿足消費者的體驗需求。要想增強消費者的參與度，不僅需要建設社群平臺，還要著眼於現實世界中存在的各式各樣的場景。

▋生活場景

1. 挖掘現有場景：宿霧航空「防水 QR Code」

不同的場景能夠激發人們對不同事物的需求和嚮往，如果能夠發現其中的規律就能獲得商機。

香港以陰雨天氣為主，晴天的日子並不多，容易使人產生陰鬱情緒。而宿霧航空則將陰雨天作為一個場景為己所用，使人們嚮往天氣晴朗的旅遊勝地。所謂的「防水 QR Code」，就是把 QR Code 廣告噴在路上，這種廣告在晴天是不會顯現的，但是下雨的時候能夠很明顯地呈現在人們的眼前，使人們嚮往到晴朗的地方去度假。

2. 創造新場景：WWF 全球暖化選單

對於普通大眾來說，每天在公司和家中來來往往，已經對日常生活失去新鮮感，如果能夠開拓思維，創造與眾不同的場景，則能夠吸引人們的目光，獲得青睞。

由世界自然保護基金會（WWF，World Wildlife Fund）發起的簡易餐廳在巴拉圭亞松森市的街邊很流行，它是利用地面溫度來為食物加溫，這樣能夠使人們更加留意到全球氣候變暖。這種新穎的方式吸引來不少過路人，有人會親自參與到製作食物的過程中，這就是製造新場景。

▍藝術場景

藝術已經成為人們生活中必不可少的一部分，有的人會在週末去博物館，有的人會去欣賞話劇，再或者觀看電影等。

五月花別出心裁，將藝術場景搬到了客流量比較大的商場或者地鐵走廊，他們請來了專業的繪畫師在自家出產的衛生紙上描繪水墨，人們可以觀看，也可以參與到作畫中，在欣賞藝術的同時可以感受到五月花衛生紙的高品質，造成了很好的宣傳作用。

▍運動場景

1. 發掘現有的場景：環保手寫瓶

整個運動過程中包括各式各樣場景，比如運動，還有休息時間、觀眾的喝采、等待結果的過程及最終結果出來的頒獎等。這其中有些場景中就蘊藏著無限的商機，某礦泉水品牌利用運動員喝水的場景，推出了環保手寫瓶。

　　運動員在結束了一個階段的緊張運動後會補充身體水分，當參賽人員的數量比較多時很容易出現找不到自己喝過的那瓶水的現象，這時就會有很多水沒有喝完卻被丟掉。該礦泉水品牌在瓶貼設計中增加了可以用手刮開的油墨層，這樣最初拿到這瓶水的人就能簡單地做一個自己認得出的記號。在滿足消費者需求基礎上增加了消費者的體驗。

2. 創造新鮮的場景：Nike 夜光足球場

　　還可以充分利用運動過程中的組成要素來創造新鮮的場景，滿足消費者的要求。

　　Nike 推出了一項獨特的活動叫做「Football anytime, anywhere.」該活動的主要實施地是西班牙的馬德里，該專案是透過投影來創造出足球場。只要在手機應用程式上搜尋「Nike 巴士」並確認下單，他們就能為使用者提供功能齊全的足球場地，讓想要踢球卻苦於沒有場地的人們盡情享用。

▌消費場景

消費環節在商業系統中的作用不言而喻，有些像速食食品之類的商品經營者可以透過在消費環節推出一些活動來吸引更多的消費者。

1. 發現現有的場景：麥當勞雞翅優惠風暴

有很多人都有在麥當勞等速食店透過優惠券進行消費的經歷。能不能在優惠券的應用環節上加以創新呢？

國外麥當勞為了讓更多的顧客能夠到店裡來嘗試自己新推出的產品，對外宣稱如果在現場拿出別家店的優惠券也能享受麥當勞的優惠。事實證明，這個措施確實有效地增加了嘗試新品的消費者數量，同時也讓這個活動更耐人尋味，有很多消費者是在好奇心的驅使下來到店裡進行嘗試的。

2. 創造新的場景：Misereor 能刷卡的廣告牌

如今，很多人在購物時會選擇刷卡消費，這個場景可否得到進一步的創新性開發和利用呢？

Misereor 位於德國，是一個公益性的機構，為各國的經濟貧乏區域作出了貢獻，他們推出了一個創新性的廣告牌。使用者只要把信用卡放到指定的位置，就能看到廣告上的雙手不再是束縛狀態，這就表示使用者的捐贈目的達到了。

節日場景

比較典型的例子是 Harvey Nichols 百貨公司在聖誕節期間推出的「自私」活動。

節假日是促銷的好時機，為了吸引消費者，各式各樣的優惠活動日被開發出來，商家以此來增加收益。比如近年來被各大商家炒得沸沸揚揚的雙十一、雙十二等。當然節日只是一個時機，最重要的還是要發現能夠加以利用的節日場景。

聖誕節是西方比較大型的傳統節日，多數人會在節日期間為家人和朋友挑選禮物，但很少有人為自己買東西。針對這個現象，英國的 Harvey Nichols 百貨公司推出了一項活動，稱為「自私」活動，消費者可以選擇自己喜歡的商品和附贈的小禮物，商家會給予一定的優惠。這既能滿足消費者為自己購買禮物的願望，也能送給朋友一份禮物。

虛擬場景

如今，很多消費者在工作之餘透過上網來打發時間。如果用心去觀察，就會發現網路使用者的很多需求和場景都可以進行創新利用。

我們經常可以看到在捷運或公車上的人埋頭於自己的手機，但是車上的網路訊號不是很穩定，給使用者帶來了極大的不便。Math Paper Press 出版公司很好地看到了這個商機，

在網路訊號不穩定時以圖書段落代替了原本的離線介面，使用者可以利用這個時間進行閱讀，增加了他們的體驗，同時又吸引了更多的消費者，提高了商家的收入。

當然，這六種場景只是其中的一小部分。如果從商品或者服務的分類出發去進一步拓展，還會找到更多的可利用場景。另外，將不同類別的產品和場景組合在一起，會產生更大的商業價值。比較典型的案例是香奈兒的超市走秀活動。

第六章 場景消費：
建構場景化消費體驗，
滿足消費者多元化需求

新購物時代：
場景消費時代，購物場景和決策過程的漸變

在 2012 年之前，手機作為一種通訊工具，在人們生活中發揮的功能還只是基本的連繫及通訊。而隨著 3G、4G 技術以及 iPhone 的逐漸普及，行動客戶端出現了爆發式增長，而這也預示著整個社會以及商業領域更大的變化即將上演。

相對於 PC 端的大螢幕來說，手機螢幕可以說是一個比較窄小的視覺區域，而今就是這樣一個狹窄的區域為人們的購物和生活帶來了顛覆性的變化，人們不再漫無目的地逛商場以及線上瀏覽大量的商品庫。同時，行動客戶端在人們生活中的應用也日益突顯了手機的碎片化時間特點，使用者使用行動客戶端進行操作的頻率也在不斷提升，因此在這一特點的基礎上，商家開始對自身進行調整，從而確保能夠及時掌握消費者的愛好以及需求。

電子商務的發展為消費者縮短了購物路徑，而行動客戶端的崛起則開始培養人們形成一種隨時隨地購物的消費習慣。購物正在逐漸成為一種生活方式，對於企業來說，要想牢牢地吸引和抓住消費者就應該抓住消費者的生活場景，利用這些場景引導和影響消費者的購物行為。

因此建構生活場景逐漸成為當下大廠們爭奪的一個焦

點。這也意味著一個由場景主導的新的商業時代即將到來，屆時消費者已經不只是在購物。

▍時代的變化推動購物的演變

在電子商務剛崛起的時候，價格策略是引導使用者購物行為的重要手段，大型電商基本上就是依靠這樣的邏輯成長起來的：在發展初期依靠其在 3C 領域的低價優勢迅速成長，開啟了一種顛覆性的模式，吸引了很多剛進入網購行列的消費者。因此價格戰也成為電商領域一種預設的發展模式。

在 PC 時代，大多數的電商企業都採用了基本相似的手法，就是用流量來吸引商家，用價格驅動使用者。致勝的關鍵就在於掌握更多的優勢資源形成雙向配合。不過這些靠價格單向驅動的商品真的對消費者有吸引力嗎？

事實上，使用者需求的不斷分層以及重視更加細微化的體驗推動了電商模式的不斷更迭。比如在此基礎上誕生的各種導購網站，都是為了滿足消費者日益個性化的需求。

不管是大型電商，還是導購、團購類的網站，零售在其中都是一支獨立的分支，在零售中運用網路技術在過去幾年的時間裡確實取得了不錯的成效。但是隨著時代的演進，網路已經從一種工具逐步變成人們的一種生活方式，電商企業

之前所擅長的藉助網路發展零售的部分已經不再像過去那樣為企業帶來巨大的價值，因此新時代應該用一種新的邏輯來指導和適應其發展需求。

場景碎片化

行動網路以及社交網路的發展使得人的時間也在發生著變化，使用者的整體化時間變得越來越少。

網路在人們生活中的滲透可以說從根本上顛覆了人們的行為方式以及習慣，同時，人們接受以及產生訊息的方式也發生了根本性的變化。而行動網路的迅速發展使得人們購物的時間和空間都發生了變化，同時也引起了購物場景以及購物決策的漸變。

未來，購物已經不再是傳統意義中的購物：要帶好錢包去逛街，找到心儀的產品之後付錢購買，而是在逐漸場景化的時間和空間裡發生的一種新的購物形態。比如：

你在公車站等公車的時候口渴了，想買一瓶飲料，根本不必專門找到商店，而是在自動售賣機上，拿出手機掃描商品的 QR Code，並透過行動支付的方式付款，即可以低於商店定價的價格買到飲料，而且整個交易過程只需要幾秒鐘的時間。

當你在瀏覽 IG 的時候，發現自己關注的賣家推薦了一

款裙子，非常漂亮，而你也非常想要，於是就點開連結，詳細了解商品的情況，並迅速下單，只花費了 3 分鐘的時間就完成了購買流程。

在 Line 裡，你被朋友新增進了一個群組裡，群裡都是一批喜歡美食和烹飪的朋友，他們正在討論哪種烤箱烤製出來的食品更好吃，哪種食材適合做什麼美食，在這些專業的建議面前，你在沒有發表任何意見的情況下就跟大家一起團購了烤箱。

大多數人認為場景化購物就是在購物場景中融入感情，營造一種有愛的購物氛圍，但是事實上並不是這樣，場景的營造是將購物中所涉獵的商品合理、恰當地出現在人們生活中的各個場景中。

還有一層理解就是購物本身就是一個場景，使用者在這個場景中完成整個購買交易流程。而隨著社交工具的出現，購物除了本身是一種場景之外，也開始成為構成其他場景中的一個元素了。

時代的演進使得購物從過去的以價格為導向變成了現在的以場景為導向，而這些場景的日益豐富也開始影響和改變使用者的碎片化決策。

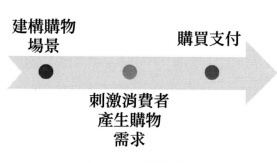

圖 6-1 場景化的購物流程

　　如圖 6-1 所示，場景碎片化的背後也隱藏著購物這一行為在變化中的一些本質，就是讓購物可以隨時出現在消費者有需求的時候，從建構購物場景 —— 刺激消費者產生購物需求 —— 購買支付，各個環節實現無縫連線，讓消費者可以一氣呵成，讓購物變成一種順其自然的事情。

　　自電子商務崛起以來，購物在時間和空間方面經歷了多層次的變化：從最初的逛街到線上購物；從最開始在 PC 端購物到手機客戶端上；從特定的購物時間變成隨時隨地購物等。而購物在這些方面的變化也使得與其相匹配的各個因素開始變成一種自由切換模式。

　　對於網路平臺以及擁有龐大使用者基數的超級應用程式，都應該具備一定的支付能力。因此 Line 上線了 Line Pay 功能，不僅為未來的商業變化提前做好準備，同時也是為消費者提供一種更便捷的支付方式，讓消費者的購物更加方便、快捷。

而且這些比較大的網路平臺以及超級應用程式本身就有足夠的能力來應對和解決與行動使用者實現需求對接的問題，從而實現無縫隙的全場景涵蓋。

　　隨著購物的演進和變化，購物將變成一個終點，而所有路徑的鋪設都是為了達到這個終點。路徑的演進過程是這樣的：到達購物終點的路徑逐漸呈現碎片化的趨勢，周圍的人和事都有可能激發你的購買行為，購物已經不是商家刻意的引導，而是變成某種場景中的群眾外包（Crowdsourcing）。

新關係和關係鏈

　　在我看來，購物可以區分為「冷環境」和「熱環境」兩種氛圍，如圖 6-2 所示。

圖 6-2 購物的兩種氛圍劃分

　　比如，當你在瀏覽社群平臺的時候，看到了一些廣告，或者自己追蹤的帳號中出現了廣告商品，而此刻你並沒有產生任何購買的欲望；而你發現自己的一個好朋友分享了一款運動手環，在這種天然信任的關係基礎上，你幾乎沒怎麼考慮就產生了購買行為。此刻，你對商品的資訊接收是正向的，這就是一種「熱環境」。

　　而與之形成鮮明對比的就是購物網站，這是一個相對比較冷的環境，它的功能就是賣東西，這與平時在超市貨架上看到擺著的商品是一樣的，只不過是將線下貨架上的商品搬到了線上。而熱環境則是這樣一種情況：你在朋友家看到了一件有趣的東西，但是後來你在逛超市的時候又發現了同款商品，而這時你的喜歡已經有了一定的基礎。

　　有時候冷環境也會變成熱環境。社群涵蓋面積比較廣，裡面可能有朋友，也可能有陌生人，這樣就可以實現從全冷環境涵蓋到熱環境，每一個層面都能觸及，是一條逐漸向上的斜線。社交軟體則主要是一種熱環境，從陌生人變成好友，需要邁過比較高的關係門檻，呈現出一種臺階型遞進的漸進方式。

　　關係鏈的緊密關係就驅動著購物中的冷熱環境，在緊密性遞進的法則中，處在最頂端的是有相同愛好的人的圈子，而社交軟體、社群從頂端開始逐漸向下排列。

　　在新購物環境中，重新運用關係以及關係鏈，那麼其不

僅會改變訊息傳播的方式和結構，同時也會對消費者的購物決策產生一定的影響。

新的購物方式的出現引發了眾多商家的思考：一方面是調整商舖的組織形式，從而使其更有效，縮短消費者的選擇路徑；而另一方面則是思考如何藉助別人的力量來影響消費者。

還有一個更更新的層次
就是相同的愛好可以產生更好的推動效應。

比如當使用者產生頻繁互動的時候，就會出現一個群組。

有一群人都喜歡健身，於是就在通訊軟體中建了一個群組，每天大家都在空閒時間聊一些健身的內容或者一些健身的裝備，就在這樣的場景中，有人向大家推薦了一款運動手環，如果購買的數量超過十個的話，可以享受八折的優惠，因此相信在這樣的場景中大家都可能會產生購買行為，這就是一種比較生活化的場景。

而這種場景與團購並不相同，團購依然是以價格為導向，團購者之間的關係比較弱。而依靠共同愛好驅動產生的購買行為，是建立在一定社交關係基礎之上的，並依靠關係和關係鏈將擁有共同興趣和愛好的人聚集起來，將購物變成一件有趣的事，同時也可以讓朋友幫助你做出購買決策。

不管是從哪個平臺，在有關購物這件事情上都有人與人

之間的關係，賣家與買家之間的關係只是其中一種。最終人際關係以及商業化之家會達到一種新的平衡，並在此基礎上發掘更多的機會，嘗試更多的可能。

決策動力學

在新購物時代有兩條重要的變化：一是時間和空間的解放，為購物帶來了顛覆性的變化；二是消費者的決策不能擺脫訊息的環境，如果資訊獲取的總量以及訊息流速發生了變化，並且更多的場景開始穿插在一起的時候，企業需要考慮的應該是如何讓訊息發揮效用，並且如何利用關係去辨識這些訊息，從而最終影響消費者的決策。

因此對電商企業來說，在新的購物時代和購物環境中，如果自身不能跟隨時代變化而變化，就可能會失去實現創新發展的商業機會。因此電商企業以及網路大廠應該思考用什麼樣的方式能夠滿足使用者，影響和驅動使用者的決策行為。

建構一個恰當而合理的場景和關係，讓使用者在看到商品訊息時感到的是一種服務，而不是廣告騷擾。在建構場景和關係的時候應該注意以下幾點。

1. 關係營造熱環境

關係的緊密性以及關係鏈的節點對消費者的購買決策具有重要的影響。

2. 縮短到達路徑

購買方式的日益碎片化也就意味著使用者與商品接觸的時間在日益縮短，因此很多企業就思考，如果能夠省去很多中間環節，能否加快購買決策的節奏？

於是就有了將購物融進場景的做法，而由此產生的最大的變化就是組織商品層面以及組織內容方面的變化。使用者在 PC 螢幕以及手機螢幕上瀏覽的習慣是不一樣的，因此為了滿足不同使用者的需求，同樣的店鋪，其貨架的組織形式是完全不同的。

之前一位電商集團副總裁曾提出過要取消購物車的想法，其實目的也非常明顯，就是為了縮短購買路徑，讓消費者的購物更簡潔高效。

3. 進入使用者的時間線

這是一種影響使用者決策更高級的方式，不管消費者是因為某種需求而主動去搜尋商品，在找到滿意的商品後付款完成交易，還是受優惠價格的影響而產生購買需求，抑或是看到朋友的分享，而產生的購買行為，以上這幾種購物決策都是一種多元的結果。

對使用者來說，最寶貴的東西就是時間，這個答案也是毋庸置疑的，過去的購物時代以空間為核心，商店貨架上擺好商品，有最優越的廣告位。但是隨著新的購物環境的出

現，時間和空間被打通，對於企業來說，時間線就是最有價值的東西。

每個人一天都有 24 個小時，除了吃飯、睡覺所花費的時間之外，如果能夠充分占領使用者的時間，那麼就等於搶占了最有利的地形，只要使用者開啟介面，就隨時都能看到你，從而加深對品牌或產品的印象。

電商理論以及模式的發展是一個螺旋上升的過程，是更傾向於電子還是商務，在不同的階段有不同的選擇。在這個電子和商務相互交替的過程中，最初是硬需求的滿足，而營造軟需求則是後來者的機會。

而訊息的傳遞以及決策過程的變化都是發生線上的，電商企業要想在電子商務這條道路上走得更遠，就一定要跳出商家的僵化思考，以使用者為出發點和落腳點，解決好怎樣影響使用者決策的大問題。

建構消費場景的三大步驟：尋找選擇＋購買體驗＋購後評價

隨著行動網路時代的來臨，智慧型手機、定位導航、線上支付等技術開始滲透到人們的生活中，改變了人們的消費行為和消費方式，以及重構商業模式。

從消費者的角度看，購物場景逐漸碎片化，消費者可以隨時購物，不再受時間的限制。只要一部手機，消費者就能夠購買到自己心儀的商品，可以在等公車或是外出用餐的間隙實現網上購物、線上支付。

而從空間上看，行動購物時代也打破了地域的限制，消費者無須到特定的商場中購買，也不再需要考慮交通的問題，他們可以在任何場合透過行動網路客戶終端完成消費。

在社交關係上，消費者更注重產品的口碑，也更願意透過熟人關係進行消費。例如，人們會在滑手機時，看到朋友晒的照片，進而產生購買的欲望。

毋庸置疑，在行動網路時代，人們的需求從 PC 網路時代的追求物美價廉，轉向追求產品消費過程中的綜合體驗。場景化的行銷更容易激發消費者的購物欲望。在行動應用場景時代，一個個手機 APP 將消費者與商家連線起來，讓消費者可以隨時隨地購物。行動網路時代人們的購物行為包括 3 個環節，如圖 6-3 所示。

圖 6-3 購物行為的 3 大環節

　　那麼，在行動網路時代，基於行動場景的消費又有哪些變化？對於商家來說，又該如何應對？

尋找選擇，進入消費者的時間線

　　消費者的購物行為可以分為三大環節：尋找選擇、購買體驗和購後評價。在這三個環節中，消費者的尋找選擇行為最難讓商家掌握。

　　在行動網路時代，人們的時間越來越碎片化、分散化，行動應用場景的建構將消費者生活中的任何一個場景都成為消費場景，消費者可以隨時隨地地透過手機進行社交，同時也可以在社交的間隙進行購物。消費者的消費時間和消費行為越來越難以讓商家掌握。

　　面對行動購物場景化，商家必須抓住碎片化的資訊，獲取消費者的消費數據，建構特定的購物場景，引起消費者的共鳴。那麼，商家應如何建構購物場景呢？可以借鑑以下案例。

地圖導航應用程式 Waze
集導航與引導消費於一體

　　地圖導航應用程式 Waze 除了為使用者提供導航服務之外，還能插播廣告，引導使用者消費。例如，當使用者開車去上班時，使用 Waze 可以有效避開交通擁擠的路段。此

外，在使用者等紅綠燈的間隙，Waze 還能夠告訴使用者附近有哪些消費店鋪，或者使用者在沃爾瑪購物時，Waze 還會告訴使用者附近 ATM 的具體位置。

隨著電商擴展，線上平臺與線下資源緊密融合，大數據、智慧裝置、LBS 等技術拓展了消費者選擇的管道，並且在訊息碎片化的時代，人們的時間也趨向碎片化。

商家要想掌握住消費者的尋找選擇環節，最重要的一點是做好產品的宣傳行銷，提升產品的知名度和影響力，從而讓更多的人知道。具體來說，商家需要根據消費者的消費行為和消費習慣，建構特定的場景，讓行動購物遍布消費者的日常生活，從而引起他們的共鳴，實現精準行銷。

購買體驗，縮短與消費者的空間距離

在行動網路時代，消費時間趨於碎片化，致使消費行為本身也趨向碎片化，消費者在選擇和觸及商品上所花的時間大大減少。那麼，在訊息碎片化時代，商家該如何利用行動應用來進行行銷？如何擺放商品，以便營造真實的生活場景，引起消費者的共鳴，同時又能縮短他們挑選商品的時間？

星巴克在為使用者提供極致的購買體驗服務方面，可謂是先驅。2009 年，星巴克將行動行銷與實體店購物相融合，釋出自己的第一款手機應用程式，使用者只需在消費完後掃

描 QR Code，就可完成支付。這一舉措提升了使用者體驗。

2014 年，星巴克公司美國分部的行動支付交易額已占店內交易總額的 14%，並且其行動支付使用者已超過 1,000 萬。

星巴克 APP 簡化了使用者的消費流程，為使用者提供了優質的服務。使用者可透過星巴克 APP 找到附近的星巴克店，並且還可以了解營業時間以及選單。星巴克行動應用程式大大減少了使用者挑選、尋找產品的時間。

2014 年 7 月，星巴克又推出手機應用程式服務，使用者可透過手機預先訂購咖啡，然後持有星巴克卡到店出示 QR Code，取走咖啡，避免了點單的麻煩。

星巴克除了推出預先訂購業務之外，還進軍行動支付領域。持有星巴克卡的使用者可以連結銀行帳戶進行加值，選好商品後，到櫃臺掃描即可，簡化了付款手續。

在行動購物時代，零售商也可以學習星巴克的行動行銷做法。例如，服裝店裡的衣服不再帶有標籤、價格等資訊，而是貼上 QR Code，消費者只需要用手機掃描一下就可了解服裝的材質、價格，甚至是搭配建議等等，而且還能透過掃描 QR Code 完成支付。

除了線下實體店在積極提升使用者體驗之外，線上電商也加入了建構購物場景和使用者體驗的大潮。

2013 年，美國電商 eBay 推出了實體互動式商店。消費

者可透過互動式商品櫥窗檢視一些名牌商品，並將感興趣的商品加到試穿列表中，提交試穿申請，然後就可在試衣間透過調整燈光亮度和顏色，進行場景模擬，並透過 Paypal 完成支付，然後再到店取貨即可。

消費者在實體店進行消費時，經常會遇到人多擁擠、時間緊迫、購買流程繁瑣等狀況，進而大大降低了購物體驗；而透過網路等方式進行購物，由於消費者無法觸及真實的商品，因而也就喪失了購物的樂趣。

針對以上情況，商家要做的就是透過技術，消除線上線下購物的不快，提升使用者體驗。或者是簡化付款流程，提高購買效率；或者是建構真實的生活場景，引起消費者的共鳴。

購後評價，融入消費者的社交關係

消費者完成尋找選擇、購買體驗之後，就進入購後評價環節。而消費者對這一商品的評價則會影響到其他消費者的消費行為以及此商品的銷售量。

消費者左右其他潛在使用者的能力取決於他們之間的親密程度。

因此，在行動網路時代，使用者之間的關係越親密，其所產生的口碑效應的影響力越大，越能拉動商品的消費。

在行動購物時代，行動社交平臺在傳播產品口碑方面發揮著巨大作用。

通常來說，消費者的購物氛圍主要有「冷環境」和「熱環境」兩種。在「冷環境」下，消費者主要受廣告行銷的驅動進行購物，而在「熱環境」下，則主要受社交關係的影響，越是熟人關係，越能驅動消費。

口碑的雪崩效應對產品的銷售量影響巨大。如果商家提供了良好的使用者體驗，那麼就會形成良好的口碑，從而促進其他潛在的使用者消費；而一旦商家的服務沒有達到消費者的期望值，那麼基於熟人關係的口碑則會阻礙商品的銷售。對於企業來說，更應該重視這種社交關係的口碑效應，努力為消費者提供良好的服務，以便形成良好的口碑效應。

在行動網路時代，隨著時間的碎片化，消費者可以隨時隨地進行購物，並且大大簡化了購物流程，提升了使用者體驗，簡單化、快捷化、衝動化成為行動購物時代的新特徵。

為了更好地應對行動購物時代，商家需要注意以下三點。

時間：充分利用碎片化的時間，建立與人們生活密切相連的購物場景，方便消費者隨時購物，引起他們的共鳴；

空間：利用行動網路、大數據等技術建構特定的購物場景，方便消費者隨處購物，簡化購物流程，實現線上選擇、

支付，減少消費者的購物等待時間，提高效率；

關係：重視產品的口碑雪崩效應，積極引導消費者，利用良好的口碑來吸引潛在的使用者消費，提高銷售量。

在行動購物時代，場景已占據著十分重要的位置。企業在進行行銷時，必須從消費者的需求出發，建立購物場景，以此吸引消費者的注意力，激發他們的消費欲望。

Aruba 行動體驗解決方案： 如何建構體驗式消費的最佳場景

消費者價值觀念的轉變以及消費需求的日趨差異化使整個產業進入體驗式消費的時代，在這樣的時代背景下，零售商更加注重客戶的忠誠度，而這正是在向客戶提供體驗式消費與服務中所建立起來的，為此商家與消費者之間的關係也經歷了前所未有的變化。

商家希望可以透過某些行銷手段長時間地留住顧客以影響其購買決策，最重要的手段則是基於消費者的個性化需求和位置為其提供行動應用體驗，以此來引導消費者的消費行為和休閒娛樂，使消費者可以真切地感受體驗式消費帶來的便利。

藉助行動應用來建構體驗式消費場景需要提供裝置、內

容、服務，但是更為重要的則是人，即消費者的個性化需求、消費者的消費觀念。無論是大型場所，還是零售場所都要根據消費者的需求來提供訂製化的客戶體驗，同時要對消費者的身分、位置資訊進行數據收集，使選擇性加入的客戶能夠捕捉到如位置、日期、連線裝置等精準資訊，藉此商家可以為其提供更加高效精準的服務。

這種利用使用者身分、日期、位置、裝置以及其他精準數據來打造的服務方案就是全新的行動體驗方案。這種方案的出現不僅能夠幫助零售商更好地保護客戶隱私，使客戶可以自願主動地在行動裝置上展示自己的資訊，而且更能夠藉助體驗式服務來刺激消費。

Aruba 是全球分散式無線寬頻網路的技術和市場領導者，該公司推出的「行動體驗」（Mobile Engagement）解決方案就是一個可優選的室內行動體驗方案。藉此零售商就可以建立一套可以交付訂製化促銷訊息的機制，顧客一旦連結該平臺，就會接到自動推送的促銷訊息、個性化推薦、附近設施等資訊，增強了訪客體驗，這使得諸如酒店、醫院、會場、機場等重要公共場所與客戶的互動方式變得更加高效便捷。

Aruba 的 Mobile Engagement 方案作為業內獨一無二的體驗方案突顯了以下三大功能，如圖 6-4 所示。

圖 6-4 Mobile Engagement 方案的三大功能

登入簡單

　　之所以說 Moblie Engagement 方案登入簡單，是因為只要顧客連線到 Wi-Fi 環境中就可以根據自己的喜好進行設定，零售商就可以充分了解顧客鍾愛的互動方式並進行精準的訊息推送。比如當顧客下載當地的品牌訂製 Aruba Meridian 應用程式平臺時，就可以獲得平臺推送的與其位置相關的服務、促銷等精準化訊息。

　　簡單來說，當使用者進入某零售場所並將手中的行動裝置連線到該場所的免費 Wi-Fi 之後，透過簡單的註冊登入，商家就可以獲知顧客的身分、位置以及各類其他資訊，由此來為顧客提供包括促銷、優惠等活動訊息在內的個性化訂製服務，使消費者感受獨特的體驗式消費。

智慧尋路

Aruba 的 Mobile Engagement 方案不僅登入簡單，而且為了給消費者創造難忘的使用者體驗還打造了 Aruba Beacons 來為顧客提供室內定位與智慧尋路的服務。Aruba Beacons 根據 Wi-Fi 定位或給予最新的藍牙低功耗（BLE，Bluetooth Low Energy）技術來實現，可以接近感知地推送服務並提供給予其位置的行動體驗服務。

Aruba Beacons 始於 Wi-Fi 定位，但卻勝於 Wi-Fi 定位，其定位的準確度在一公尺之內，可以為顧客提供更加精準的定位資訊和尋路服務，使顧客可以在短時間內迅速找到任何事物，同時商家也可以根據其所提供的客戶資訊為其推送個性化的促銷訊息，從而促進現場消費。事實上，智慧尋路功能改善了消費者走馬看花似的購買方式，也使商家摒棄了導購員不斷推銷的行銷方式，既節約了消費者的時間，又實現了商家銷售額的攀升。

Aruba Beacons 的優點就是體積小巧、功耗低，同時可以相容 iOS 以及安卓裝置，擴大了整個行動裝置的涵蓋範圍，可以被 Meridian 平臺上的應用捕獲並自由轉換，使消費者可以隨時隨地獲取便捷的體驗式服務；除此之外，由於 Aruba Beacons 比其他硬體方式更便宜，還可以實現遠端監控，已經成為商家 IT 部門進行技術部署的首選。

行動安全

Aruba 的行動體驗方案為確保消費者的行動安全打造了名為 Clear Pass 的行動訪客接入功能軟體。Clear Pass 基於角色的策略控制，可以幫助使用者完成包括自動登記流程、詳細分析報告在內的訪客管理，並對公共網路上的行動裝置實現安全的網路配置以及過程簡化。

Aruba Mobile Engagement 解決方案在諸如美國自然歷史博物館、奧蘭多國際機場、Levi's 體育場等大型場館中也備受青睞，為客戶提供了極致的使用者體驗，同時與業內廠商相比，Aruba 也已率先實現了從企業級 WLAN 市場到行動體驗供應商的過渡延伸。

我們以 Levi's 體育場為例，作為美國舊金山 49 人隊的新主場，Levi's 體育場是全球最先進的露天體育和娛樂場館，其現代化體育設施占地 185 萬平方英尺，可以同時容納 68,500 名觀眾。該場館就引進 Aruba 行動體驗方案，建構了先進的網路基礎設施，可以同時讓近 7 萬名觀眾連線 Wi-Fi，享受場館提供的個性化服務與完美的現場觀戰體驗。

舊金山 49 人的技術副總裁 Dan Williams 在提到與 Aruba 的合作時就表示，「藉助網路基礎設施為數萬球迷帶來無與倫比的行動體驗是十分必要的，而我們與博科、Aruba 的合作則幫助我們實現了這一點，球迷可以觀看比賽

重播、接收轉彎導航，甚至可以透過行動裝置訂餐，這些個性化的服務可以使球迷在觀看比賽的同時沉浸於高規格的娛樂和科技享受之中，從而大幅度提升了觀戰體驗。

美國自然歷史博物館傳播與行銷高級副總裁 Anne Canty 也表現出對 Aruba 行動體驗解決方案的鍾愛，他表示美國自然歷史博物館作為世界上規模最大的自然歷史博物館之一，其場館設計構造是十分複雜的，這就需要用到 Aruba Beacons 的室內定位功能。該場館從 2010 年就開始了與 Meridian 平臺的合作，並發布了開創性探險家應用，來幫助訪客導航，以全方位地了解博物館的豐富資源。

經過多年的發展，Aruba 已經成長為全球領先的行動體驗方案提供商，其 Mobile Engagement 也成為越來越多零售商為顧客提供個性化服務的首選方案，這不僅幫助商家獲得更高的忠誠度，也使顧客享受到高效便捷的精細化服務，其中的雙贏意味不言而喻。

第七章　場景金融：
『金融＋場景』模式，
網路金融的下一個戰場

場景金融：
金融場景化時代，引領網路金融的下一個浪潮

我們先了解一下 2014 年的某國外電商「雙十一」購物狂歡節的銷售數據：2014 年「雙 11」購物狂歡節總規模為 571 億元，同比增長 57.7%，其中行動端交易達到 243 億元，產生了 2.78 億個包裹，217 個國家與地區參與了這場購物狂歡。

交易規模的大幅增長表明了該電商地位依然難以撼動，同時該電商的「行動網路」也在這場盛宴中表現強勢。

該電商行動端交易規模為 243 億元（2013 年這一數字為 53.5 億元），占 2014 年交易總規模的 42.6%，重新刷新了全球行動電商的日交易量紀錄。線上銷售管道，該電商透過收購及策略調整新增了地圖、軟體廣告等新的流量入口，為自身的產業價值鏈加入了手機瀏覽器、影片軟體、社群平臺、地圖、應用軟體等新元素。

▌什麼是「場景金融 or 場景時代」

隨著場景化行銷、場景化金融、場景化通訊等新概念的湧入，場景化時代似乎已經悄然拉開了序幕，當然場景金融模式也會有一套完善的金融業務功能，在一些特定的場景下進行資源的合理分配，從而使資金流通來給企業帶來收益。這裡我們可能會有些疑惑—到底何為場景金融的金融模式？

▌「場景金融」的模式及規模是什麼樣的

1.「場景金融」的模式

通俗意義上的場景金融是以行動端 APP 軟體或者應用場景平臺為依託，在獨立的封閉金融環境場景下的消費者社群，完成各種社會活動的特定場景金融模式，如圖 7-1 所示。

APP 軟體 或者應用場景	場景內 消費者社群	場景內 金融體系	場景內 金融消費封閉
5,000 萬使用者量級	一個完整的社會	獨立的金融體系	封閉的金融體系

圖 7-1 「場景金融」模式

2.「場景金融」的規模

場景金融體系是滿足一定數量的消費者在兼具社交與資金交易功能的應用場景或者 APP 軟體上完成交易。那麼當前的「場景金融」這塊蛋糕到底有多大？

要想回答此問題必須先了解「5,000 萬超級俱樂部」這個 APP 領域十分重要的概念，對一個 APP 應用來說如果使用者規模能達到 5,000 萬就足以引發量變引起的質變，從而重新定義其產業標準，能擁有超過 5,000 萬使用者的 APP 已經進入超級 APP 的範疇。

假定一個 APP 中只有一個「場景金融」體系，那麼亞洲

當前超過 5,000 萬高消費使用者群的 APP 就有 30 多個。這還沒有統計那些在行動端潛力無窮的桌面 APP。當然這 30 多個超級 APP 也不一定都適合做「場景金融」，當下最有潛力成為「場景金融」的 APP 平臺還是那些生活服務、遊戲娛樂、社交等 APP。

「場景金融」模式下生態系統各環節擁有哪些機會

1. 應用場景的利益點

當前網路企業中具備完善的盈利模式的企業還是少數，大部分的企業還在依靠不斷地融資來維持生存。

如今的這些掙扎在困境中的網路企業最為緊要的是如何找到適合企業發展的盈利模式，場景金融的出現無疑給這些企業送來了一劑良藥。由於場景金融依託於產品之上的特殊屬性，不必再僵化地套用網路金融產品的場景模式。企業可以根據平臺的場景打造使用者專屬的社交、消費、娛樂等多種個性化「場景金融」模式。「場景時代」下的「場景金融」走的是建立於場景之上的「全景式網路金融系統」，不再需要機械化的「金融產品網路化」。

2. 傳統銀行的利益點

傳統銀行或許會是這場「場景金融」革命的最大蛋糕得主，如今的網路金融實現的是傳統金融產品的網路化，藉助

網路技術對資源進行合理配置並實現資訊對等。這使得群眾也能參與到金融活動中來，但是距離形成一個系統性的金融價值產業鏈還有很長的一段路要走。

「場景金融」具備完善的金融價值產業鏈，雖然在網路金融產品的開發速度上傳統銀行遠不及網路企業，但是傳統銀行的金融系統可以在這條金融價值產業鏈中得以完美發揮，這一金融系統上的優勢歷經多年沉澱與累積，目前網路企業難以與之相抗衡。

而傳統銀行只要能擁抱「場景金融」之風，尋找一個可以與之配合的網路企業，從而建立一個有場景針對性的「全景式網路金融系統」。傳統銀行的這條金融產業價值鏈將會給消費者帶來綜合的金融服務，傳統銀行產業必將有一個新的發展機遇。

3. 網路使用者的利益點

消費者將得到一個現階段的網路金融所不能帶來的「全景式金融服務」體驗「某旅遊公司場景的使用者」，將可以投資五年期的高回報率旅遊基金產品，避免出現因為經濟問題而無法完成一場「說走就走的旅行」；還可以參與到旅遊區開發的群眾募資之中，獲得一部分收益的同時還能享受專屬的旅遊權益；在經過多次旅遊後累積的信用等級可以使消費者完成信用貸款以解燃眉之急等等。「場景金融」將會為消

費者獻上綜合而又便捷的一站式金融體驗。

「場景金融」能否引領網路金融走向一個新的高度呢？答案是不言而喻的。隨著各種金融產品實現網路化，以及網路金融生態的逐漸完善，場景金融必將成為網路金融格局中的重要一環！

網路金融應用場景化：金融產品與網路思維的場景連接

一般情況下，新生事物在發展的過程中都會遇到這樣進退兩難的境地，要麼其發展速度遠遠超過社會平均水準而導致發展停滯，要麼在社會對其容忍的環境下獲得長遠發展。

大多數網路金融平臺在發展過程中都經歷了一個從無到有，從波動到逐漸趨於平緩的過程，網路金融發展對整個傳統的金融領域形成了衝擊和顛覆之勢，而網路金融也憑藉其便捷、高效的金融服務優勢獲得越來越多的關注。

在發展初期，網路金融主要是尋找網路與傳統金融連接的切口，現在市場上出現的網路金融產品主要是來源於傳統金融領域以及一些難纏客戶提出的金融服務要求。

隨著網路與傳統金融管道的穩定連接，傳統金融也開始面向網路領域進行大規模的開放，使得網路金融開始進入一

個新的發展階段。未來網路金融又將有什麼樣的發展趨勢？在筆者看來，網路金融將逐漸走進具備「網路」特徵屬性的第二階段。

網路金融在剛開始的時候就是帶有網路屬性的，也正是因為這一屬性特徵獲得了眾多消費者的歡迎，網路金融在發展初期是在完善了金融屬性的前提下，來滿足網路使用者的使用習慣的，但是這只是一個初步發展，未來更加完善和場景化的網路金融體驗將在新階段獲得更深入的發展。

金融穩健是應用場景化的基礎

事實上，在筆者看來，網路金融應該是這樣的發展邏輯：首先是金融，然後才是發展到網路階段。之所以這樣說是因為大多數的網路平臺是沒有金融執照的，而且也沒有獲得開展相關業務的資格，而國外 P2P 借貸（peer-to-peer lending）是一個特例，雖然其在沒有金融執照的狀況下開展了類似銀行的相關信貸業務，但是其依然具有金融屬性。

簡單來說，在沒有獲得金融執照以及相關業務資格的情況下，網路金融發揮的只是一個管道的功能，而將網路在人才以及技術方面的優勢嫁接到傳統金融領域，可以幫助其改善產品行銷以及金融體驗。

因此，金融屬性作為網路金融在發展過程中最基礎的一

環，是其應該最先解決的問題：

積極與監管機關的溝通獲得某種認可；

做好防控風險的準備，確保網路金融平臺的正常運轉；

建設和維繫客戶的信用體系，保障資金交易的安全性。

只有將最基礎的金融屬性穩健好，才能夠支撐應用的場景化發展，否則的話，如果出現風險，不管管道有多好多完善，也很難再次贏得客戶的信任。

何謂應用場景化

在網路金融領域，場景化就是將複雜並且相關聯的金融產品和服務運用網路思維，用一種更直觀、更簡單的方式呈現出來，並為客戶做好產品的收益與風險提示，從而讓其更放心地投資。

所謂應用場景化就是將在網路金融領域應用得更快捷、更便利的投資方式運用比較合適的傳播途徑和手段傳播給的消費者，並促進其融入人們的日常生活，從而降低金融產業的門檻，讓更多的普通消費者可以接觸到這看似比較神祕的領域。

這裡的金融主要指的是大概念層面上的金融，包括一般的存款、貸款、結匯以及第三方支付、在金融產品領域延伸出來的服務。從 2014 年開始，網路金融的應用場景化已經開始進入實踐階段。

未來一段時間裡，網路發展的趨勢就是應用場景化，從現今市場的發展狀況來看，線上理財、支付、群眾募資、P2P、金融服務平臺等網路金融的發展都是在傳統網路的框架下開展網路與金融領域的對接，隨後再實現場景化的嫁接，並將金融帶入人們日常的生活中的。

　　雖然從現在看來，網路金融並沒有實現完全的涵蓋，但是應用場景化的實現將會推動網路金融進入一個更高等的發展階段，同時得到更好的產品宣傳。屆時，網路金融的影響範圍將會進一步擴大，影響力也會得到提升。

場景化對傳統金融的衝擊

　　網路金融的發展是為了與傳統金融產品的管道實現連接，因此，場景化的實現將會對傳統金融產業造成一定的衝擊，其中銀行受到的衝擊和影響最大，網路金融的應用場景化已經搶走了銀行部分的理財、小額信貸、信用卡等零售業務。

　　未來隨著網路金融的深入發展，可能會對傳統銀行產業務帶來顛覆性的結果，屆時銀行就會失去原本在金融領域的主導地位，僅僅占據虛擬帳號連結的終端。傳統金融也不再獨占金融服務，而是將與網路共同擁有，發揮各自所長，為客戶提供極致的金融體驗。

　　未來，網路領域的應用場景化將會日趨豐富，同時使用者體驗也會進一步提升，傳統金融與網路金融之間也將展開激烈的客戶爭奪戰。對於網路金融來說，只有讓客戶逐漸適應和熟悉網路金融的投資以及金融服務方式，才能更長久地留住使用者。

網路金融＋產業場景：
網路＋時代，場景金融的商業跨界

　　隨著科技的發展，時代的進步，「網路＋金融」模式將與各行各業相融合，甚至出現顛覆傳統的場景化模式，跨界就意味著連線，但是在「網路＋金融」與其他產業融合的過程中，又會引起怎樣的市場連鎖負面反應？「網路＋金融」模式最終又會以怎樣的姿態塵埃落定呢？

　　眾所周知，網路以擔當仲介的角色為大眾提供服務平臺，基於「網路＋」模式的金融在顛覆傳統的同時是否也會顛覆自身？「網路＋金融」模式使各大產業共享訊息，優化資源配置，甚至滲透到人們的生活中，未來，人們是否會離不開金融所帶來的便捷？

　　從目前「網路＋金融」模式發展的主要特點以及金融機構正逐步提高其在貨幣市場經營融資的利率可以看出，現階

段的「網路＋金融」模式還處於 1.0 時代，其主要的市場行銷策略還是與傳統金融相競爭，透過網路開闢出一條網路市場通道，經營次貸金融資產，為需要資金的企業融資。

那麼網路金融應該如何平衡網路與金融兩者的關係呢？

▍網路金融的本質一定是金融嗎

網路金融與傳統金融的區別就是，在缺少 4 條紅線的條件下，網路金融就是一個沒有資金池的貸款機構。但是隨著利率市場化和金融自由化，網路金融和傳統金融將在同一個市場內競爭，小額貸款和第三方擔保公司消失後，網路借貸就會失去網路的優勢，利潤被傳統金融壓榨。那麼，網路金融又應該如何面對這種困境呢？

隨著資訊化時代的到來，越來越多的企業開始顛覆傳統的經營模式，發展立體多角化，即經營一種產品，卻依靠它的延伸產業盈利。

例如，小米手機的主要盈利來源於行動端的流量，而非手機利潤；沃爾瑪等大型企業也不是透過商品差價盈利，而是依靠龐大的資金流帶來的效益以及網路服務平臺帶來的規模效益，正如彼得‧泰爾（Peter Thiel）所說的「創業成功的法則是追求壟斷」。

如果把商業模式比作 F1 賽道，那麼現代立體的商業模

式就好比在原有的陸地 F1 賽車的基礎上，又增加了無人機、火箭等比陸地 F1 更具優勢的玩家，讓比賽結果更加未知。而金融領域也是如此，「網路＋金融」模式的出現，增加了市場的未知性。

一位金融公司 CEO 曾說：「網路時代的財富管理，三個關鍵詞，即透明、即時、安全。金融未來的趨勢是金融場景化、金融自由化。」而該公司首席策略長也認為網路將帶來通路革命、資訊革命和技術革命 3 場革命：

通路革命，即場景的觸達；

資訊革命，即使數據收集、整合的成本進一步下降；

技術革命，即技術革命的雲端化。

訊息化技術的發展使金融和商業相互融合，場景一體化的觸達使金融和商業相互影響，在商業發展的同時就可以知道金融的發展趨勢以及金融是否會幫助商業發展。目前，眾多的網路公司開始涉足金融產業的一個重要原因就是金融是基於網路發展的，由此它們可以近距離地接觸商業場景。

金融出現的基礎就是商品交易。在原始社會早期，就有了以物換物的金融行為，隨後出現貨幣、信用卡，而隨著網路技術的發展，第三方支付、比特幣等虛擬貨幣也進入商品市場，充當交易的手段。預付款、當期全款、分期付款、賒銷等結算方式構成了金融的核心。

隨著行動網路的發展，時間和空間的限制逐漸被打破，金融和商業實現了零縫隙融合，在保持傳統思維邏輯的同時，又顛覆了原有的經營手段。金融的場景化成為發展趨勢，金融和商業的場景合而為一，將產生巨大的商業效益。

　　那麼網路＋金融模式與哪些跨界場景融合能爆發出強大的活力，甚至可能會出現「黑天鵝事件」？網路金融模式的 4 個跨界場景如圖 7-2 所示。

圖 7-2 網路金融模式的 4 個跨界場景

網路金融＋零售類場景

1. 零售類場景的金融屬性

　　這類商業場景有著共同的特點：強大的資金流以及網路規模，可以及時地與金融相融合，以傳統零售商沃爾瑪，電

商平臺等為代表。這些零售商在消費、支付、配送等場景中與金融合而為一，產生巨大的商業效益。

2. 場景跨界的商業案例

網路金融＋零售類場景的兩大路徑如圖 7 - 3 所示。

圖 7-3 網路金融＋零售類場景的兩大路徑

┃零售轉金融路徑

為了實現「沃爾瑪銀行」的目標，從 1999 年開始，零售大廠沃爾瑪就曾試圖獲得銀行業執照，但慘遭拒絕。2007 年，沃爾瑪放棄了在猶他州申請銀行業執照的計畫，但依舊會為客戶提供金融服務。2014 年，沃爾瑪為了扭轉業績下滑的頹勢，搶占約 9,000 億美元的個人支付市場，藉助價格優勢，推出新的匯款服務。

從沃爾瑪零售轉金融的路徑可以看出，擁有強大資金

流的零售商們已不再滿足單一的經濟效益，而向「網路＋金融」的模式轉型，使現有的資金產生更大的效益。

金融轉零售路徑

2014 至 2015 年，國外為大學生購物提供現金服務的校園分期市場成為網路金融領域的黑馬。其以仲介的方式將供應商和投資理財人連線起來，為大學生提供分期付款服務。在透過網路向大學生借款的同時，還會透過線上、線下訪問的形式審核大學生的信用，以此確定申請人是否具備貸款資格。

網路金融＋社交場景

1. 社交場景的金融屬性

社交場景之所以具備金融屬性，主要有以下 3 點原因。

第一，金融源於熟人社交網路的借貸，而後由第三方服務平臺提供信譽保證，發展成陌生人之間的借貸。熟人社交網路的借貸多是親朋好友、鄰里街坊之間小額的借貸，與從金融機構貸款相比具有非正規化的特點，深受街坊的歡迎。而陌生人之間的借貸是在經濟發展到一定水準之後，伴隨著地下錢莊、當鋪借貸出現的；在網路時代，則以 P2P 的形式展現出來。

第二，商品生產和商品交換有其自己的經濟規律，當市

場經濟發展到一定階段時，常會發生金融危機。而社交場景的金融屬性在一定程度上就可以減少風險。

第三，基於社交網路的借貸消除了借貸雙方資訊不對稱的缺點，在保障借貸者信譽的同時又能保證投資者的資金安全，形成良性的資金流轉系統。

2. 場景跨界的商業案例

網路金融＋社交場景的兩大路徑如圖 7 - 4 所示。

圖 7-4 網路金融＋社交場景的兩大路徑

金融到社交商業路徑

互助會是民間的一種小額信用貸款的形態，也是金融轉社交商業路徑的先鋒。互助會起頭的人稱為會首（或會頭），參與的成員稱為會員（會腳）。此外，與此模式相類似的還有農業資金互助社、尤努斯的格萊閩模式。

此外，眾籌模式也具備金融屬性，透過網路釋出產品需求，粉絲積極呼應，實現眾籌的金融轉社交路徑。

▎社交轉金融商業路徑

Linkedin 創始人 Reid Hoffman 說：「一款好的社交產品一定能迎合人類的七宗罪——好色、暴食、貪婪、懶惰、憤怒、妒忌、傲慢。」這意味著當金融與人類的需求相吻合時，原始的商業場景就被顛覆了。

除此之外，Facebook 也是社交轉向金融的案例。其 8 億名實名制使用者構成了一個龐大的資訊共享社群，並且在社群內可以透過虛擬的貨幣進行應用內購買交易消費。2014 年 4 月，Facebook 已成功申請為使用者提供小額匯款服務，由此，使用者便可以透過 Facebook 支付購物費用。

Facebook 向美國證券與交易委員會提交的檔案顯示，Facebook 的支付系統處理了大量的支付交易，其中遊戲占了很大一部分。由此，Facebook 可從開發者的收入中分成 30% 多，約占 Facebook 總收入的 10%。

▎網路金融＋產業場景

1. 產業場景的金融屬性

一家創投公司在一份 2014 年度報告中指出：「2015 年

需要注意那些針對特定客群的信貸消費，如白領、藍領、學生等與特定產業或品類結合的專案，如房產首付、旅遊分期、買車分期、虛擬募資等。」這些產業潛力巨大，訊息尚未實現對稱，信譽無法保障，向「網路＋」模式轉型具有較大的發展空間。

在資訊化時代，「網路＋」模式已滲透到各行各業，每個企業都在進行產業立體化發展，供應鏈與物流鏈、訊息鏈、資金鏈相互連線，形成一張縱橫交錯的產業鏈網，並在加工、包裝、運輸的過程中帶來增值價值，增加企業的利潤。

產品從原料採集、製造加工、宣傳銷售、運輸配送，最終到達消費者手中這一過程，將供應商、製造商、分銷商、零售商和使用者連繫起來，形成一個生態系統。

在這個產業鏈中，資金雄厚、實力較強的企業處於優勢地位，可以優先選擇資源的配置和較低的價格折扣，給其他企業造成壓力。而中小型企業大多資金短缺，在與大企業的競爭合租中處於劣勢地位，投資、融資管道窄，借貸困難。因此，中小企業尤其需要金融機構的支持。毋庸置疑，在未來，產業鏈金融將是網路世界的核心。

2. 跨界場景的商業案例

網路金融＋產業場景的兩大路徑如圖 7-5 所示。

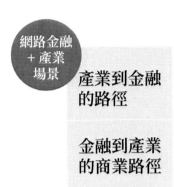

圖 7-5 網路金融＋產業場景的兩大路徑

產業到金融的路徑

隨著前向一體化和後向一體化逐漸成為市場競爭的趨勢，規模龐大的企業會越來越大，而中小企業則面臨被收購、被兼併的困境。

無論大小企業都有金融切入的需求，這也是 GE（General Electric Company，奇異公司）等大型跨國公司、汽車製造商都設立自己的金融部門的原因。而一度深受各大企業歡迎的產融結合的模式也是基於此。

金融到產業的商業路徑

隨著網路金融的優勢逐漸顯現，大批的金融大廠進入亞洲的農產品交易市場，這也是目前亞洲最常見的金融到產業轉型的商業路徑。

2012 年國外一家銀行聯合乳品集團展開策略合作，採取「核心企業 1 ＋ N」的發展模式，幫助上游酪農適應新的產業格局和為下游經銷商提供貸款服務，解決資金回籠難的問題。

「核心企業 1 ＋ N」模式中的「1」指的是乳品集團，它為合作銀行提供關於 100 多名供應商和 540 多名經銷商的最新數據，而銀行就可以掌握兩端的資金流、訊息流和物流等資訊，便於其向產業轉型；同時，銀行為企業提供擔保貸款、信用貸款、聯貸等服務。

網路金融＋大數據場景

1. 大數據場景的金融屬性

企業向銀行等金融機構貸款需要經過信用審核，只有借貸給信譽過高的使用者，銀行才會降低風險，而風險之所以存在，就是因為資訊不對稱，只有共享訊息才能確保信用審核的準確性，這些因素決定了大數據也具備金融屬性。

通常來說，大數據產生於金融產業的交易、報價、業績報告、消費者研究報告、官方統計數據公報、調查、新聞報導等環節。同時，金融還與網路相融合，以「網路＋金融」的模式發展，重視對數據的搜集、分析、應用，甚至可以說，大數據是網路金融的核心。

2. 跨界場景的商業路徑

網路金融＋大數據場景的兩大路徑如圖 7-6 所示。

圖 7-6 網路金融＋大數據場景的兩大路徑

▎數據轉金融商業路徑

信用審核在商業貸款中占據著重要位置，金融機構在評估使用者的信用時需要藉助於大數據。以 ZestFinance（美國）為首的創新型金融科技公司基於大數據徵信；而以 Kabbage（美國）為首的公司則是基於大數據實現網路貸款。隨著網路的發展，金融機構使用大數據審核使用者信用將成為潮流。

有些小額貸款無須債務人提供抵押品或第三方擔保，僅憑藉債務人的信譽就可以貸款。這種貸款模式為弱勢群體提供了貸款的管道，並且還具有「金額小、期限短、隨借隨還」的特點。

金融轉數據商業路徑

個人信譽成為能否順利貸款的關鍵，但是在大數據無法利用的情況下，金融機構往往會透過申請者的社群網路對其進行信用審核。

德國 Kreditech 貸款評分公司、美國 Movenbank 行動銀行、香港 Lenddo 網路貸款公司以及 Connect.Me、TrustCloud 等新型仲介機構就曾試圖參考 LinkedIn、Facebook 等社交網路的使用者數據，結合使用者的活動紀錄、興趣愛好、人脈對象等，利用數學建模的方式分析其信用度，用以作為審核使用者信譽的參考標準，將社交網路的數據轉化成使用者的借貸信用紀錄，以此打造基於網路的使用者信用共享平臺。

Movenbank 行動銀行對客戶進行風險評估的 CRED 主要參考個人的信評記錄，eBay 等平臺的交易評價、網路匯款記錄，計算使用者在 Facebook 上的好友數、Linkedin 平臺上的人際關係對象、Klout 影響力指數等因素。

場景化金融爭奪戰：
網路金融平臺與傳統銀行的必爭之地

網路與金融領域的深度融合將會為網路金融的發展模式以及產業格局帶來新的變革，2015 年網路金融將逐漸呈現

出一種新面貌。行動網路技術的發展使得商業、金融、消費以及社交等邊界場景逐漸模糊，同時金融領域也正在加快創新的步伐。

　　未來隨著網路金融的發展，該領域可能會出現這樣的平臺：金融服務可以跟隨場景化需求的變化而變化，平臺可以同時滿足使用者和商家的需求。那麼場景化金融的發展會改變網路金融的格局，成為金融產業下一個具有開發潛質的領域嗎？

網路金融正逐步走向場景時代

　　金融領域中的「場景」，可以是這樣一個形象生動的場景：當你在超市購物最後付款的時候，超市的收銀員告訴你，只要用手機掃碼，就可以獲得一袋洗衣粉。

　　吸引使用者參與到這種場景活動中去，除了有免費的洗衣粉拿之外，還可獲得只需掏出手機掃碼就可以得到免費洗衣粉的便捷體驗。

　　在這樣一個場景裡，不僅有銷售端的售賣，便捷的支付端，還有緊抓使用者需求的行銷活動。這樣一來，從售賣到支付再到行銷，透過便捷支付的應用，就可以掌握大量的交易數據，那麼以後為超市提供貸款，或者幫助超市老闆理財都會成為金融產業鏈上延伸出來的服務。

這是網路金融線下一種典型的應用場景，而線上，所謂的金融應用場景也隨處可見，比如利用社交將人與服務連線起來的入口網站，就已經占據了影片入口、地圖入口等眾多入口，並且也發展成為擁有龐大使用者基數的超級平臺，因此也就產生了金融需求。

比如在用餐的時候需要跟朋友 AA 制就可以使用平臺上的 AA 付帳功能，購買理財產品、當面轉帳、透過網路銀行申請貸款，以及其他存貸匯業務都可以透過場景來完成。

事實上，網路金融的應用場景化在 2014 年的時候就開始進入了實踐階段，一年之前，大廠們還在圍繞各種入口展開激烈的爭奪，而一年之後，網路金融領域戰爭已經不再是單純的入口之爭，而是已上升到了不同場景之間的競爭。

網路平臺搶占場景化金融。

金融門檻的降低，使得金融開始走進尋常百姓家，越來越多的使用者開始參與到網路金融的投資中，使得越來越多的網路公司開始逐漸向網路金融公司的方向演進。

緊緊抓住消費場景就是解決危機的最好辦法，之所以這樣說，道理很簡單，使用者只要消費就會花錢，而且應用的次數要高於社交，而金融只是一種手段，使用者使用支付功能帶來的對價利益才是目的，因此，就需要做社交、O2O以及理財投資，而這些做法都是在建構金融場景。

傳統金融機構紛紛「觸網」

網路金融的應用場景化對傳統金融領域帶來了一定的分流影響，面對網路金融帶來的衝擊，傳統金融領域也開始反擊。

2015 年 7 月 7 日，國外一家銀行推出了線上網路金融服務平臺，緊跟網路的發展大潮，將銀行自身的特色和服務模式與「網路＋」的要求相契合，從而更好地開展以客戶為中心的策略，更好地為客戶創造價值。

銀行的目的在於把投資銀行、商業銀行、信託、基金、貨幣經濟、租賃等領域整合到一個統一的網路金融平臺，讓客戶在同一個平臺上就可以在各個領域發展和投資。其在網路金融領域的發展中還將形成三項特色的金融服務，包括將企業和個人連線起來的網路直接投融資服務、以訊息為動力的產業鏈金融服務、在應用場景中的網路消費金融服務。

在筆者看來，傳統銀行開始在網路金融領域進行積極布局，事實上表明其已經意識到了危機的存在，開始針對網路金融的衝擊進行絕地反擊，在保護自己原有領地的基礎上積極拓展更多新的領域。

場景金融的核心：生活化＋客戶中心化

在「場景化」趨勢的影響下，傳統金融服務開始被逐漸細化，並被廣泛應用到各個生活場景中，比如旅遊場景、購

物場景、就餐場景、租房場景、理財場景、支付場景等，那麼對於網路金融企業來說，在巨大的市場潛力和空間面前，應該怎樣運作基於場景的網路金融呢？

波士頓諮商（BCG）在 2014 年專門對亞洲網路市場進行了調查研究，並發布了報告，報告中將亞洲網路金融概括為 4 個制高點，分別是管道、場景、基礎設施和平臺。而場景則是金融以客戶為中心以及重視融入日常生活的展現。

從目前的狀況來看，場景金融還處在初期發展階段，只有一些實力較強的金融大廠進行了測試，相對來說，建立在電商場景中的金融擁有比較成熟的發展和營運模式。而社交、娛樂以及叫車等生活場景中的金融也在各自的市場逐漸垂直細分，未來會逐漸將這種嫁接的場景化融入日常生活中去。

隨著行動網路的發展，網路金融領域的場景化就是將客戶從 PC 端逐漸轉移到行動端，將其變成一個使用者可隨身攜帶的支付工具和理財錢包。從管道以及客戶挖掘和培養的角度來看，網路金融擁有巨大的市場空間，在筆者看來，未來網路金融將侵占所有有資金流動的領域。

如何建構場景：打到使用者後方去

網路應用場景可以收納更多的場景。在未來的場景爭奪戰中，網路金融企業應該精準抓住使用者的生活主場景，包

括線上場景和線下場景，並以此為入口切入相關應用。這些生活主場景或許並不能占據客戶最多的時間，但是其往往是使用者最基本的需求。

不管是線上下還是線上，應用場景化已經成為網路金融發展的一種必然趨勢。因此對於網路金融領域的企業和創業者來說，建構場景就成了他們在發展過程中需要解決的關鍵一環。

一般情況下，建構場景主要有以下兩種方式，如圖 7-8 所示。

自建生態系統

與場景運用者進行合作

圖 7-8 建構場景主要的兩種方式

自建生態系統。

與酒店產業、旅遊產業以及教育等場景的運用者進行合作，獲得它們的場景支持。

與第一種建構場景的方式相比，第二種方式投資成本更低、風險也比較低，同時需要的時間也比較短。

要建構更多的場景就需要深入到人們的日常生活中，

247

根據各式各樣的服務場景，找到場景開發的關鍵環節和領域，抓住使用者的需求痛點，將應用的使用深入使用者的內心，從而有效增強使用者對應用的黏著度。也就是說要用金融產品打動使用者，滿足他們在存貸款、支付、理財等方面的需求。

場景具有複雜多變、關聯性多的特點，因此網路金融機構在打通應用場景的時候需要結合場景的特點，打造更清晰、可以深入應用的場景。這也就意味著未來場景化的網路金融產品要藉助合理的方式和管道將更便捷、更高效的網路金融投資方式傳播到更廣闊的範圍內，並融入人們的日常生活中去，讓更多普通的消費者可以近距離了解金融，並積極參與到金融活動中去，從而利用金融來帶動整個社會的消費以及促進資金的流動性。

第八章　場景通訊與社交：
場景為王時代，
建構完善的通訊社交場景

場景通訊：
行動網路時代，通訊業務模式的場景化轉變

「網路＋」時代，以手機爲代表的行動智慧終端取代 PC 端，成爲人們主要的網路入口。行動網路時代，人們始終處於碎片化的場景之中，注意力也隨著場景的變化而不斷改變。在這樣一個場景化的時代中，誰能夠在即時的、碎片化的場景中吸引到消費者的注意力，誰就能在市場中獲益。

對通訊業來說，「場景化」也是一場思維方式和商業模式的變革。即突破以往單一的業務和產品供應，轉而更加關注客戶在不同碎片化場景中的即時需求，創新出更加多元化的通訊形態和體驗，以開放合作的心態迎接「場景化通訊時代」的到來。

因此，行動網路時代，通訊的內涵與表現形式正在發生著深刻變化。基於不同的生活場景，通訊將表現出靈活多樣的形態和功能，「場景化通訊」正在滲透人們的日常生活之中。

場景化通訊的提出

傳統通訊中，業務、體驗和環境是相互分離的，且受各種因素的制約，無法滿足不同場景下人們的即時通

訊體驗需求。比如，人們在等餐時想要連線 Wi-Fi，就需要先獲取密碼，然後搜尋訊號，之後才能連線網路，過程比較繁瑣。

場景化通訊則不同。根據使用者所在的具體生活場景，電信營運商可以透過自有基礎通訊業務 (4G、寬頻、Wi-Fi) 與非自有通訊業務的整合，建構出一個適宜的通訊場景，為使用者即時、一體化的通訊體驗提供便利。

場景化通訊，涉及了號碼、行動應用、終端、業務等不同資源在具體生活場景中的整合利用。在這方面，通訊營運商明顯比其他網路企業更具優勢。

同時，場景化通訊對大數據的分析、挖掘、處理提出了更高的要求。這種對大數據利用能力的增強有利於促進電信營運的網路化轉型。另外，行動網路時代的使用者始終處在不斷變換的碎片化的場景之中，其通訊體驗需求也隨著場景而不斷變化。因此，這要求電信營運商有著更強的即時市場感知能力和不同業務間的快速轉換能力，以便為客戶提供更加多元和個性化的通訊服務。

總之，不論是對各種資源的整合利用能力，還是對大數據的分析、挖掘、處理能力，以及對客戶需求的敏銳感知能力，都是電信營運商適應行動網路時代、實現自我轉型更新的必然要求和發展方向。

展會發出的訊號

對於電信營運商來說，場景化通訊是一場行動網路時代的深層次變革，涉及思維方式、業務模式、技術應用和政策法規等多個層面的轉變。

1. 突破自身產品和業務的束縛，滿足使用者碎片化的場景通訊體驗需求

行動網路時代是一個場景化的時代，需要通訊營運商對碎片化的場景進行梳理和細分，包括公司、學校、家庭等使用者群體的細分，以及對居家、旅行、運輸、飛行等使用場景的梳理。透過精確掌握目標族群，通訊營運商可以突破以往的單個產品和業務模式，建構出不同的通訊場景，為使用者提供更加多元化和個性化的通訊服務，極大地提升客戶的通訊體驗。

例如，國外一家電信推出的「智慧家庭」場景方案，就是意在以智慧終端和智慧應用為核心，以光寬頻為接入方式，建構家庭訊息化「一籃子」解決方案，為家庭使用者提供影音娛樂、民生應用和智慧應用三大類服務。透過手機 APP 和智慧機上盒，使用者能在不同的生活場景中（路上、餐廳、辦公室等），按照自己的需要靈活操控電視、空調、冰箱、洗衣機、除溼機等家庭裝置，感知它們的狀態，實現隨時隨地的優質通訊體驗。

再比如，透過 NFC 技術，手機近距離觸碰載入好的 NFC 標籤，使用者就能夠直接獲取 Wi-Fi 密碼、通話等功能，而無須自己進行繁瑣的操作，大大優化了不同場景下使用者的即時通訊體驗。

2. 以開放合作的理念與各產業結合，充分發揮出「通訊＋」的巨大功能

場景化通訊是基於人們不同的生活場景，整合場景資源，為使用者提供個性化的通訊服務體驗。電信營運商對不同場景資源的整合，其實就是「通訊＋」能力的展現。

具體地講，可以把「通訊＋」理解為以通訊號碼為載體，根據使用者所處的不同產業場景（如教育、醫療、生產、物流、辦公、出差等通訊場景），與產業資源進行整合和業務載入，以提供更加多樣化的通訊業務體驗，極大地釋放出電信營運的通訊能力。

這種場景化的通訊服務體驗，往往融入了不同場景的產業特色，能夠帶動產業場景關聯和衍生產品的推廣及服務，催生出了更為豐富的產業應用。這既滿足了企業推廣業務的要求，便於業務資源的整合優化，順應了網路時代合作雙贏的價值理念；也為客戶提供了一體化的服務體驗，提升了使用者的滿意度。

3. 行動智慧終端裝置和平臺技術趨於成熟，為場景化通訊 提供了有力保證

　　場景化通訊的前提是優質流暢的網路連線管道，這就需要行動終端在智慧化和平臺化技術上的突破。只有建構出智慧化的訊息通道，才有可能挖掘出不同場景的商業價值，提升使用者通訊服務體驗。

　　一方面，各大廠商在手機智慧終端技術上不斷突破，以及 APP、TV 開發者帶來的最新應用，創造出了更多的通訊使用場景，極大地啟用了行動通訊網路的商業價值。

　　另一方面，智慧管道的建構也初具規模。比如，某科技公司研發製造的新款超強智慧機上盒，擁有強大的「跨視界」、「跨娛樂」、「跨親情」三大功能特點。使用者在使用過程中，既可以實現 480p 到 4k 之間的網速與畫質的自由切換，也能夠實現不同場景之間（影視、遊戲娛樂、交流溝通等）的功能轉換，確保了使用者在不同場景中都能得到優質通訊體驗。

未來的發展

　　隨著「網路＋」對傳統通訊業務的衝擊，特別是網路公司開展的 OTT（Over The Top）業務帶來的競爭壓力，通訊營運商也在積極調整業務模式，不斷探索適應行動網路時代特徵的營運機制，以實現自我的變革重構，為使用者提供更

優質的通訊體驗。場景化通訊，無疑表達了通訊營運業務在行動網路時代的發展理念和方向。

行動網路時代，人們總是處於不斷變換的碎片化場景之中，而場景的意義在於突顯了連線的價值。因此，對於這些場景中商業價值的挖掘，主要是依靠智慧化的管道連線能力。只有把具體場景中的人與訊息有效連線起來，才能創造出潛在或實際的商業價值和行為。

通訊的基礎能力是連線。因此，電信營運商可以充分發揮「通訊＋」的整合能力，以開放合作的網路理念為指導，在不同產業和生活場景中進行多元化的通訊業務布局，推動「場景化通訊時代」的到來，實現行動網路化的轉型更新，以便滿足不同場景中使用者的需求。

正如管理學大師凱文・凱利（Kevin Kelly）所說，真正偉大的技術到最後都將隱於無形，看不見摸不到卻能無時無刻不依賴著它。通訊業務作為一種基礎設施，也許無法像手機等行動智慧終端那樣，給人們帶來直觀上的衝擊和改變，但是，作為行動網路發展的基石，通訊業務模式的場景化轉變和布局，將大大加深行動網路對社會生活各方面的滲透，在悄無聲息地改變著人們的生活方式的同時，也進行著自我的涅槃重構。

營運商轉型：
連接人與資訊，為使用者提供場景化服務體驗

什麼是行動網路的應用「場景化」

首先，讓我們來設想這樣一個比較常見的生活場景：小明在公車站等車的時候，拿出了剛買的行動智慧終端裝置，戴上立體聲耳機，並開啟了手機 WAP（Wireless Application Protocol，是一種開放式、標準式的無線應用軟體協定）音樂頻道。系統根據以往的資料分析，在比較醒目的位置，向小明推薦了他喜愛歌手的最新歌曲。小明立刻點選了試聽連結，並用手機下載了該歌曲。同時，在看著螢幕中的動感歌詞時，小明又順便在同一個頁面內點選瀏覽了這個歌手的最近新聞。

他看到了一個令人十分驚喜的消息，這個歌手馬上要進行巡迴演唱會了。於是，小明立刻在手機上訂票，並透過手機連結的信用卡完成支付，QR Code 也很快就傳了過來。

小明覺得這首新歌非常好聽，於是按照提示訂製成了自己的手機鈴聲，還把這首歌點送給了自己的女朋友，同時錄製了自己的聲音一起發過去。這時候，公車來了，小明也聽著歌繼續上路了……

在上面的場景裡，小明在短短的幾分鐘內就體驗到了音樂、訂票、手機鈴聲和訊息服務。而這些基本的行動應用，就構成了人們在不同碎片場景中的智慧化生活形態。

可以看出，「應用場景化」就是將一些基本的行動應用程式（如訂票、支付、訊息、音樂等）和使用者所在的場景連線起來，打造出一個以使用者細節體驗為中心的、一體化的服務模式。其中，行動營運商根據使用者的具體場景，進行相宜的智慧應用連線是這種應用場景化的關鍵。因為場景化的核心就是連線，只有將人與應用程式連線起來，才能夠創造出商業價值。

▎「應用場景化」是未來發展趨勢

網路資訊技術和平臺的發展，使各類依託於行動智慧終端的應用程式和體驗層出不窮。面對如此繁多的新型應用程式和體驗，使用者常常無所適從，而網路服務提供者也常常感嘆不知如何獲取競爭優勢。

因此，對使用者來說，是如何選擇出自己喜歡並符合需要的新型應用程式；對行動應用程式供應商來說，則是如何將順利推送給使用者，實現推廣傳播。

其實，在行動網路時代，快節奏的生活方式，已經將整塊時間切割成了不斷細化的時間碎片，人們也總是處於

不同的碎片化場景之中，用整塊單獨時間進行某種體驗的情形已經漸漸成為過去。因此，只有那些能夠滿足人們不同碎片化場景中需要的服務，才會獲得使用者的青睞，並得到推廣傳播。於是，網路應用的「場景化」就成為行動營運商的必然選擇。

（1）「應用場景化」能夠整合使用者的使用習慣和興趣點，按照碎片化的場景需求，為使用者提供一體化的服務體驗。

透過這種方式，可以培養出高黏著度的使用者，挖掘出場景的更多商業價值。一般來說，使用者會根據自身所在的即時場景（如等車、工作、午休等），選擇合適的網路應用程式服務進行體驗。

比如，等車時使用音樂或者遊戲類應用程式，可以避免等車時的無聊；在工作場景中，更傾向於一些輔助辦公類的網路應用程式；午休時，免打擾和提醒服務則是最佳選擇。這些基於不同場景而提供的場景化模式，有效地整合了碎片化的時間，讓使用者體驗到了更為智慧、貼切的細節體驗和服務，因此也成為行動網路時代提升客戶黏著度的重要武器之一。

（2）「應用場景化」還能夠帶動關聯及衍生產品的推廣和服務，在為使用者提供了一體化服務體驗的同時，也創造了更多的商業價值。

行動網路時代，人們追求的是多元化、差異化和個性化

的消費體驗。因此，提供差異化服務體驗是企業贏得消費者的關鍵所在。應用場景化，就是以使用者所處的場景為出發點，敏銳地感知和掌握使用者在不同碎片化場景中的需求，實現企業基於不同場景的差異化行銷推廣。

同時，還能夠以這種應用為中心，輻射出其他的相關和衍生應用，為使用者提供更為全面和一體化的優質服務體驗。比如，上面提到小明在聽音樂時順便又訂購了演唱會門票，就是應用場景化帶來的衍生服務和價值。

（3）「應用場景化」順應了網路不同業務融合的趨勢，能夠對圍繞具體場景的不同應用以及衍生服務進行整合、打包和推送，為使用者提供更加便利的一體化服務體驗。

行動網路具有開放共享、合作雙贏的本質，不同業務之間的融合正在成為網路應用服務的主要發展趨勢。「應用場景化」模式透過不同的場景設定，將各種層出不窮的應用程式按照不同場景進行整合歸類，摒除各類內裝應用程式的相容和重疊的情況，大大簡化了使用者選擇上的繁瑣。同時，營運商透過對使用者所處具體場景的敏銳感知和掌握，進行業務的打包推送，以便精準地向使用者提供圍繞場景需求的一體化服務。

可以看出，「應用場景化」順應了行動網路的本質和發展趨勢，能夠讓使用者依據自己的使用習慣和即時場景

需求，選擇自己喜歡的應用和服務，從而進入到享受場景化的新階段。

行動營運商向「應用場景化」的轉變

場景的意義在於突顯連線的價值。只有將具體場景中的人與訊息連線起來，才能夠創造出商業價值。可以說，優質的場景連線服務，是實現網路應用場景化的關鍵。作為行動通訊網路服務的提供者，行動營運商掌握了行動通訊的管道服務。

因此，營運商的「應用場景化」轉型，有利於更好地進行各項業務的整合，為使用者提供一體化的服務體驗，挖掘出更多的場景商業價值。

1. 行動營運商應該具有敏銳的場景感知和掌握能力，開放合作，圍繞使用者需求建構出一體化服務的應用場景

「應用場景化」的關鍵，是行動營運商能夠對使用者不斷變換的碎片化場景進行梳理、細化和歸類。利用先進的大數據技術，對使用者的位置、時間、愛好、性別等因素進行整合分析，細分使用者的不同需求，建構出圍繞使用者需求的應用場景。

同時，行動營運商還要充分發揮出自己行動通訊連線的功能，突破自身產品和業務的束縛，開放合作，積極整合自有業務和非自有業務。根據使用習慣和場景的變化，為使用

者提供一體化的網路應用服務，讓客戶隨時隨地都能智慧化地享受生活。

2. 行動營運商需要在智慧化和平臺化上不斷突破，以便為應用場景化的轉型提供有力的技術保障

基於大數據技術和人工智慧演算法，行動營運商可以準確定位使用者的位置和時間等場景因素。比如，小明每天早上八點到晚上六點都處在同一個位置範圍內，就可以細分出他上班的時間和地方；晚上八點到早上六點也大致在同一個位置範圍，就可以知道他生活的位置。經過了智慧系統的這種梳理劃分，行動營運商就可以在工作場景中為小明推薦一些放鬆的音樂和實用的辦公應用程式；也可以在休閒場景中向他提供一些娛樂遊戲、訂製歌曲等方面的服務。這樣，便實現了行動網路服務的應用場景化。

3. 行動營運商還要深入分析和挖掘使用者的潛在需求，以便提前進行市場布局，在未來的競爭中占據優勢

市場競爭的本質就是對消費者的爭奪。特別是在行動網路時代，誰能夠滿足使用者多元化和個性化的需求，誰就能吸引到更多的使用者，獲取更多的商業價值。

一方面，隨著訊息技術的發展，人們對於網路應用和服務提出了更多更高的要求；另一方面，一些網路公司的OTT 業務（Over The Top，指網路公司越過營運商，發展各

種影片和數據服務業務），也在不斷衝擊和弱化著行動營運商的管道資源和連線優勢。

因此，「應用場景化」的轉型，可以說是行動營運商為了適應不斷變化和個性化的服務需求，以及應對網路企業的挑戰，而進行的業務更新創新。因為場景化的精髓就在於，能夠根據使用者所在的具體場景，細化使用者需求，提供基於不同場景的個性化的應用服務體驗，從而將越來越碎片化的生活場景整合進行動網路平臺之中，在增強使用者黏著度的同時，創造出更多的商業價值。

就當前來看，行動網路正在重構人們的行為習慣和服務需求。像行動、電信等行動營運商，已經敏銳地感知到了這種市場變化，並開始進行相關的分析研究。只是，「應用場景化」的轉型並不會一蹴而就，行動營運商還面臨著轉型的諸多挑戰和陣痛。

不過，只要營運商能夠努力適應行動網路自由、開放、合作、創新的思維方式，在深度挖掘不同場景價值和使用者細節體驗上多下功夫，就一定能夠吸引到更多的使用者，獲得更多的市場效益。

逆襲 OTT：
重構與使用者間的連接，
利用場景實現業務合作

對於營運商來說，OTT 對其最大的危害就在於將營運商與其使用者割裂開來。

OTT 即指 Over The Top，就是利用網路為使用者提供各種應用服務，這裡的應用服務不同於營運商所提供的通訊業務，只不過藉助了營運商的網路，而服務具體由第三方來提供。

根據 Mobile Squared 調查顯示，OTT 業務的發展已經造成歐洲 25% 的營運商 5% 以上的損失。據世界電信產業界權威性的中立諮商顧問公司 Ovum 預計，接下來一年 OTT 對營運商的簡訊收入損失可能將達到 540 億美元。而根據數據顯示，亞洲從 2011 年開始，行動多媒體簡訊業務呈現下滑趨勢，2013 年業務下降了 6.5%，語音業務下降了 3.4%，這些數據都在提醒著營運商應該做好迎擊 OTT 的準備。

▌讓使用者感知你的存在，重構與使用者的連線

在網路領域，使用者確實具有非凡的意義，是整個商業模式的基礎，因此對於營運商來說，如果要想在新時代獲得商業利益，就應該思考怎樣創造使用者價值。

　　行動網路的發展將人們帶入了一個去中心、去仲介的時代，如果營運商只是做支撐服務商發展的流量商，那麼其價值也將被削弱。只有讓使用者感知到營運商的存在，並積極主動進行互動，營運商才能與使用者重新建立連線，並獲得更多的價值，從而為其在行動網路時代挖掘更多的發展機會。

▎將體驗店放進手機，利用場景實現業務合作

　　從 2012 年開始，營運商開始參與手機零售市場，利用捆綁式銷售、綁約送手機以及合約購機等方式促進手機零售，從而在傳統的銷售通路占有自己的一席之地。

　　現在在營運商的營業廳中，都有手機零售，使用者在辦理業務的同時就可以觀察新上市的手機，從而產生購買需求，促進手機的銷售。營運商選擇與手機零售商合作的方式，不僅可以幫助營運商搶占更多的市場占有率，同時也可以鼓勵和刺激使用者使用數據業務，從而產生新的利潤增長點，為營運商日後的良性發展提供有利的條件。

　　此外，在展示中心裡賣手機可以有效提高使用者體驗，增強使用者對品牌的忠誠度，為品牌的發展累積更多可靠的使用者。

　　但是在網路的影響下，越來越多的人更傾向於在網路平臺上購買手機，手機實體店面所發揮的作用已經明顯受到了

限制。不僅到實體店中逛逛的消費者少了，真正下定決心購買的消費者更少了。因此，一些大廠達成共識，不能坐等使用者自己跑到實體店裡來體驗，而是應該主動與使用者建立連繫，透過有效的手段吸引使用者來體驗。

特斯拉曾經利用場景應用展開線上體驗，取得了不錯的效果，單純依靠網路的傳播效應，特斯拉的訪問量就達到了533,711 人次，26.7 萬人，有意向的使用者達到了 1,619 人。因此一家通訊公司也借鑑特斯拉的成功經驗，開始在行動端上推出場景應用線上體驗，並順勢推出了 iPhone6 的預訂活動。

在 iPhone6 正式上線之前，iPhone6 的預訂可以說是一個比較熱門的話題，同時如果能夠提供良好的線上體驗對消費者來說將擁有更大的吸引力。使用者在利用手機瀏覽的過程中遇到這個場景應用，利用視覺、聽覺等互動方式獲得一種良好的使用者體驗，因此積極參與預訂活動中也是一件水到渠成的事情。

如果使用者對於通訊公司的場景應用線上體驗非常感興趣，並且知道自己的朋友也可能喜歡，就會將其分享到社交平臺上，這樣一來就會吸引更多使用者的關注，帶來更多的使用者流量。有數據顯示，通訊公司 iPhone6 的場景應用，單日最高瀏覽量可以達到 3,267 人次，社群媒體在場景應用的傳播中發揮了重要的作用，帶來了巨大的流量效應。

因此，在使用者心中刷存在感，並積極主動與使用者建立連線，是營運商實現成功超越 OTT 目標的關鍵。營運商一定要重視使用者的作用，即便牽扯到自身利益問題，營運商也應該從使用者角度出發，為他們提供全心全意的服務，從而不斷擴大使用者群體。在行動網路時代，掌握了使用者流量，也就擁有了未來開展創新的無限可能。

該通訊公司在與場景應用進行的首次合作中，開始進行了大膽的創新，從而提升品牌的知名度以及獲得更多的使用者流量。其也將與雲其他科技業者展開進一步的合作，從而實現更多品類的場景應用線上布局，為自己的品牌贏得更多的成功機會。

OTT 的發展推動了市場的變化，面對這一變化，營運商應該結合自身通訊產品，加快其在市場上的滲透應用，逐漸滲透進即時通訊 OTT 產品，確定自己在市場上的地位，同時還要在行動網路上形成新的入口，從而為使用者流量的獲取提供管道。

社交的演變：
從生活社交到場景社交，顛覆傳統社交格局

每個網路企業都致力於擴大自己的社交圈。更有意思的是，如果我們仔細分析一下目前網路應用軟體，就會發現很

多軟體，比如即時通訊、社群應用，都在向場景社交轉變。

▌媒體屬性向社交屬性的轉變

傳統網路是一種基於媒體屬性的中心化網路，資訊資源匱乏，而且網站處於中心地位，網站上有什麼內容，使用者就只能看到什麼，使用者無法獲取更多的內容。這種關係的不對等無法滿足使用者的需求，而且使用者之間相互獨立無法交流、分享。

通訊軟體就是在這種背景下一舉成名的。在所有傳統網路急於網羅各種訊息的時候，通訊軟體反其道而行之，它不生產任何內容，而是將使用者的訊息集中在一起，建立一個統一的會員體系。這樣，每個使用通訊軟體的使用者就可以透過該平臺相互交流、分享自己的所見所得，於是每個人都成為訊息的製造者，使用者對該平臺的依賴性也會越來越大，最終成為最受歡迎的社交平臺。

經過仔細觀察會發現，通訊軟體和遊戲的會員是眾多網路會員體系中產生經濟價值最高的。儘管其他產品也聲稱有不少會員，但是其產生的經濟價值微乎其微或者極其有限。

隨著行動網路的發展，企業所建立的基於網頁的強會員體系，將網頁與客戶端連繫起來。在智慧型手機 APP 生態下，網頁和客戶端不再分離。

產品設計正在從媒體屬性向社交屬性轉變。媒體依靠的是有價值的內容，而社交依靠的是有人捧場。使用者在使用產品的過程中，處於平等的位置，大家互相分享。在傳統網路時代，站內信是一種大家常用的用於信件接收的功能，而在行動網路時代，這一功能已經被即時訊息取代，使用者不再需要在自己的個人中心單獨設定一個站內信功能。

場景社交帶來的主要變化

1. 產品的設計理念發生轉變

以往的產品設計是以內容為中心的設計理念，未來的產品設計是以社交為屬性的設計理念，注重使用者與使用者之間的連繫。這些以社交為主的產品，有些訊息是重複的，但如果是其他劃分得比較細的產業 APP 設計，可能不會出現這種情況。

2. 整個行動網路以社交為基礎

以往的網路是以內容為基礎，而行動網路是以社交為基礎。

社交場景所帶來的這兩種變化實質上是對整個生態的顛覆與重建。平臺與使用者之間處於平等的位置，使用者藉助平臺也可以更緊密地交流，整個行動網路真正走向去中心化。在這種變化中，新一代的商業模式應運而生。

場景社交新思考：
如何打造一款基於場景服務的社交應用程式

《即將到來的場景時代》（*Age of Context: Mobile, Sensors, Data and the Future of Privacy*）一書中提出了這樣的觀點：「從網路時代到行動網路時代，對流量和入口的爭奪轉變為對場景的爭奪，誰贏得了場景，誰就占據了優勢。」

隨著行動網路的快速發展，行動裝置、社交網路、數據處理、感測器、與定位系統這 5 個技術力量的結合，基於場景建構的服務將層出不窮。如今那些巨型企業，大都依託場景建構服務或者提供產品，像小米手機建構的生活場景，外送平臺建構的消費場景……

可見，場景化時代的到來，對產業的發展產生了深刻的影響，社交領域也不例外。從社交產品的發展過程中可以看出，社交產品分為三類，如圖 8-5 所示。

圖 8-5 社交產品的三大類別

熟人社交。就是我們與認識的人之間的交流軟體。

陌生人社交。就是我們與自己不相識的人之間的交流軟體。

關係型社交。就是大家在與自己的朋友交流的基礎上，也與朋友的朋友交流，以此擴大自己的交友範圍，像各類 SNS 網站。

現在，接踵而至的是第四種社交產品──場景社交。它是基於某一特定的場景而產生的，而不是為了社交而社交。

▍場景社交

前 3 類社交都是為了社交而社交，社交能力十分重要，而場景化社交只是一種社交手段或者一個環節。例如 IM（Instant Messaging）── 即時通訊，企業就是利用它來提高員工的工作效率。在當今行動網路的時代，幾乎全部的 APP，像 O2O 類 APP、遊戲類 APP、教育類 APP、醫療類 APP 等，都是以某個場景為依託而建立起來的。

像這些 APP，只有具有獨一無二的核心競爭力才會受到使用者的青睞，基於場景的溝通交流環節已經不足以讓使用者對其產生依賴。所以，這些產品若要建構一套健全的 IM 系統，就必然會花費很多的人力與物力，這些費用可能會超出建構產品的費用，造成本末倒置。

此時，企業若讓第三方雲端通訊廠商幫助自己完善場景化社交能力，就可以把更多的資源和精力投入到產品的設計與製作中。目前，很多雲端通訊廠商只專注於建構 IM 系統，但是從產品的未來發展趨勢來看，單純的即時通訊已經不能滿足使用者的需求。

對於現在的行動 APP，大多數提供的通訊功能包括發送、接收、儲存多媒體訊息、群組訊息等。如果在特定的場景（如醫療、金融），點對點、點對多點或者影片通話也被認為是必備的通訊功能。

同時，當越來越多的使用者被捲入這種社交場景之後，使用者對產品內的社交圈會產生越來越強的依賴感，使用者也逐漸變得熟悉，對產品的功能性需求也會增加，例如多人影片、多人即時對講、VoIP（Voice over Internet Protocol，是一種語音通話技術）通話都成為必備的功能。由此可見，企業需要根據使用者的需求不斷對 IM 的功能進行擴展，以便為使用者提供多樣化的服務。

同時，雲端通訊還可以將多個單項功能合併在一個開發包內，減少程式上的繁瑣，讓開發變得簡單易行，並且盡可能地減少企業用在產品社交圈上的成本。當然，雲端通訊除了 IM 能力集合，還提供一些簡訊、通話、呼叫中心等功能，以滿足各個產業中的使用者需求。

　　如果把每個 APP 產品都看作一個立體化的圖形，場景社交便是組成這個立體圖形的「面」，全力開放平臺就是連線各個頂點的「線」，這樣，企業只需好好利用這些「線」，場景社交這一「面」的繪製就能水到渠成。

角色＋場景：社交應用的下一個浪潮

　　在當今網路時代，人與人之間的交際變得越來越方便，社交 APP 更是多種多樣。為了滿足人們的社交需求，創業者不斷揣摩人們的心意，努力讓自己的產品更加完善。此時，在以產品為中心的傳統的商業邏輯只能做出讓步。

　　從關係的來源出發，目前社交 APP 可分為兩大類：熟人社交和陌生人社交。熟人社交關係源於線下，它們的市場占有率最高，受到大眾的青睞；陌生人社交關係源於線上，它在市場上的占有率居高不下，排名第一。

　　從使用者的使用情況來看，熟人社交軟體幾乎被一些特定 APP 壟斷，創業者在開發新的熟人社交軟體的時候，難免有一種模仿的感覺，所以，沒有突破點就不可能贏得市場。而對於陌生人社交軟體，儘管有一大批軟體湧向市場，但都沒有對使用者形成足夠的吸引力，使用者使用軟體之後，體驗不高，所以無法留住使用者。對於這兩種社交應用軟體，創業者在沒有找到足夠吸引使用者的突破點之前，是

無法贏得市場占有率的。

　　創業公司為了在社交市場上占有一席之地，選擇了垂直化發展。按照人群角色劃分，可分為職場社交、校園社交等；按照工具屬性劃分，可分為圖片社交、音訊社交、影片社交。每個經過細分的社交領域會有不同的管理方式、策略戰術、產品形態，但是創業者都只是為了達到同一個目的：透過產品吸引使用者、留住使用者，獲取商業價值。

電子書購買

爽讀 APP

國家圖書館出版品預行編目資料

碎片化時代的場景行銷：顛覆傳統，贏得未來！
從流量思維到場景思維的轉型之路 / 朱建良，
王鵬欣，傅智建 著 . -- 第一版 . -- 臺北市：財經
錢線文化事業有限公司 , 2024.07
面；　公分
POD 版
ISBN 978-957-680-931-6(平裝)
1.CST: 行銷傳播 2.CST: 行銷管理 3.CST: 行銷
分析
496　　　　113010574

碎片化時代的場景行銷：顛覆傳統，贏得未來！從流量思維到場景思維的轉型之路

臉書

作　　　者：朱建良，王鵬欣，傅智建
發 行 人：黃振庭
出 版 者：財經錢線文化事業有限公司
發 行 者：財經錢線文化事業有限公司
E - m a i l：sonbookservice@gmail.com
粉 絲 頁：https://www.facebook.com/sonbookss/
網　　　址：https://sonbook.net/
地　　　址：台北市中正區重慶南路一段 61 號 8 樓
8F., No.61, Sec. 1, Chongqing S. Rd., Zhongzheng Dist., Taipei City 100, Taiwan
電　　　話：(02) 2370-3310　　傳　　　真：(02) 2388-1990
印　　　刷：京峯數位服務有限公司
律師顧問：廣華律師事務所 張珮琦律師

-版權聲明

定　　　價：375 元
發行日期：2024 年 07 月第一版
◎本書以 POD 印製
Design Assets from Freepik.com